JN135975

東大卒の教師が教える
こどもの科学の疑問に答える本

三澤信也

彩図社

はじめに

こどもは、素朴な疑問をたくさん持っています。私がそれを実感したのは、中学校に勤務したときです。

生徒の日記を読んでいると、ときどき科学にまつわる質問がありました。それに回答すると、生徒たちは嬉しそうな表情を見せます。

何度もそんな笑顔を見るうちに、私はこどもたちがたくさんの疑問を持ちながら、それを自分からぶつける機会が少ないことに気づきました。

こどもが抱いている疑問には、奥深いものがたくさんあります。

そこで、「何か疑問があれば自由に書いていいよ」と伝えると、本当に多くの質問が寄せられました。その回答を生徒たちに共有してもらえるよう、プリントにまとめたものを書籍化したのが、本書です。

こどもの皆さんに読んでもらいたいのはもちろんですが、大人の方々にも楽しんでいただけると思います。

三澤 信也

1章 人と生き物に関する疑問

2章　身の回りに関する疑問

3章 地球と宇宙に関する疑問

4章　物理に関する疑問

1章

人と生き物に関する疑問

頭をぶつけたときだけたんこぶができるのはなぜ？

頭以外にはたんこぶはできない

頭をどこかにぶつけてしまうと、たんこぶができることがありますね。不思議なもので、頭以外の場所でたんこぶができることはあまりありません。なぜ頭をぶつけると、腫れてしまうのでしょう？

たんこぶの中身は、**血液**や**リンパ液**です。もしも頭をぶつけたときに皮膚が切れてしまえば、そこから出血します。で

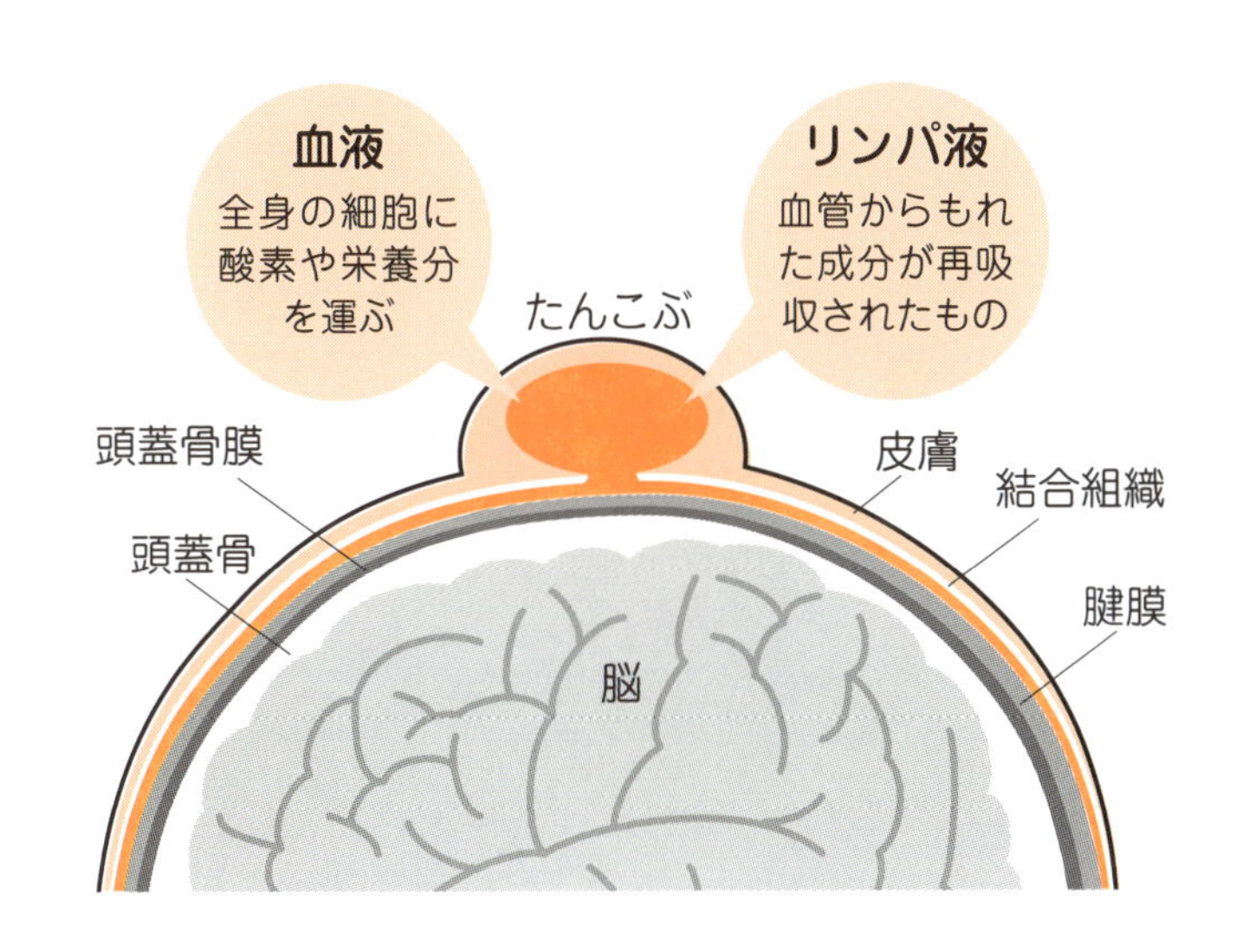

すので、たんこぶのように皮膚の内側に血液やリンパ液がたまることはありません。皮膚が切れなかった場合に、内出血して血液やリンパ液がたまるのです。

頭には、**大事な脳を守る役目**があります。脳は、大きくて硬い頭蓋骨に覆われています。

そして、その外側にもいろいろなものがあり、何重にも頭部を守ってくれています。そのため、内出血となることが多いのです。

たんこぶは、脳が大切に守られているからできるのです

あくびが出るのはなぜ？

あくびは、眠いときだけでなく、疲れたときや退屈なときにも無意識に出てきます。共通しているのは、**脳のはたらきが鈍くなっているとき**ということです。

どうして、脳のはたらきが鈍るとあくびが出るのでしょう？

はっきりと理由が解明されているわけではないのですが、次のように考えられています。

まず、あくびをするときには口を大きく開けます。すると、ふだんは使わない筋肉を動かすことになり、脳に刺激が与えられます。はたらきが鈍った脳を活性化しようとしているのですね。

また、あくびは大きく息を吸いこみます。すると酸素をたくさん吸いこみ、脳も身体も活発に動くようになるのです。

このように、**あくびにははたらきが鈍っている脳や身体に刺激を与える効果がある**ようです。

ちなみに、眠気を覚ますには、ストレッチをする、日光にあたる、ツボ押しをするなどの方法があります。

ストレッチや日光浴は時と場所が制限されますが、ツボ押しはかんたんにできるのでおすすめです。

ただし、根本的にはグッスリ寝て疲れをとることが大切です。

あくびは、はたらきが
鈍っている
脳や身体に刺激を
与えるのです

しゃっくりはなぜ起こるの？

胸と腹の境目には、**横隔膜**という筋肉の膜があります。

横隔膜には、肺をふくらませたりちぢませたりするはたらきがあります。

肺には筋肉がないので、みずから動くことはできません。次のようなしくみで、横隔膜のはたらきで膨張と収縮をおこなっているのです。

肺は、筋肉のついた肋骨や横隔膜などでかこまれたスペースに入っています。

そして、横隔膜が下へ動くとこのスペースが広がり、肺もふくらみます。

逆に、横隔膜が上へ動くとスペースが狭くなり、肺もちぢみます。

このように、横隔膜が動くことで肺がふくらんだりちぢんだりしているのです。

大事なはたらきがある横隔膜ですが、

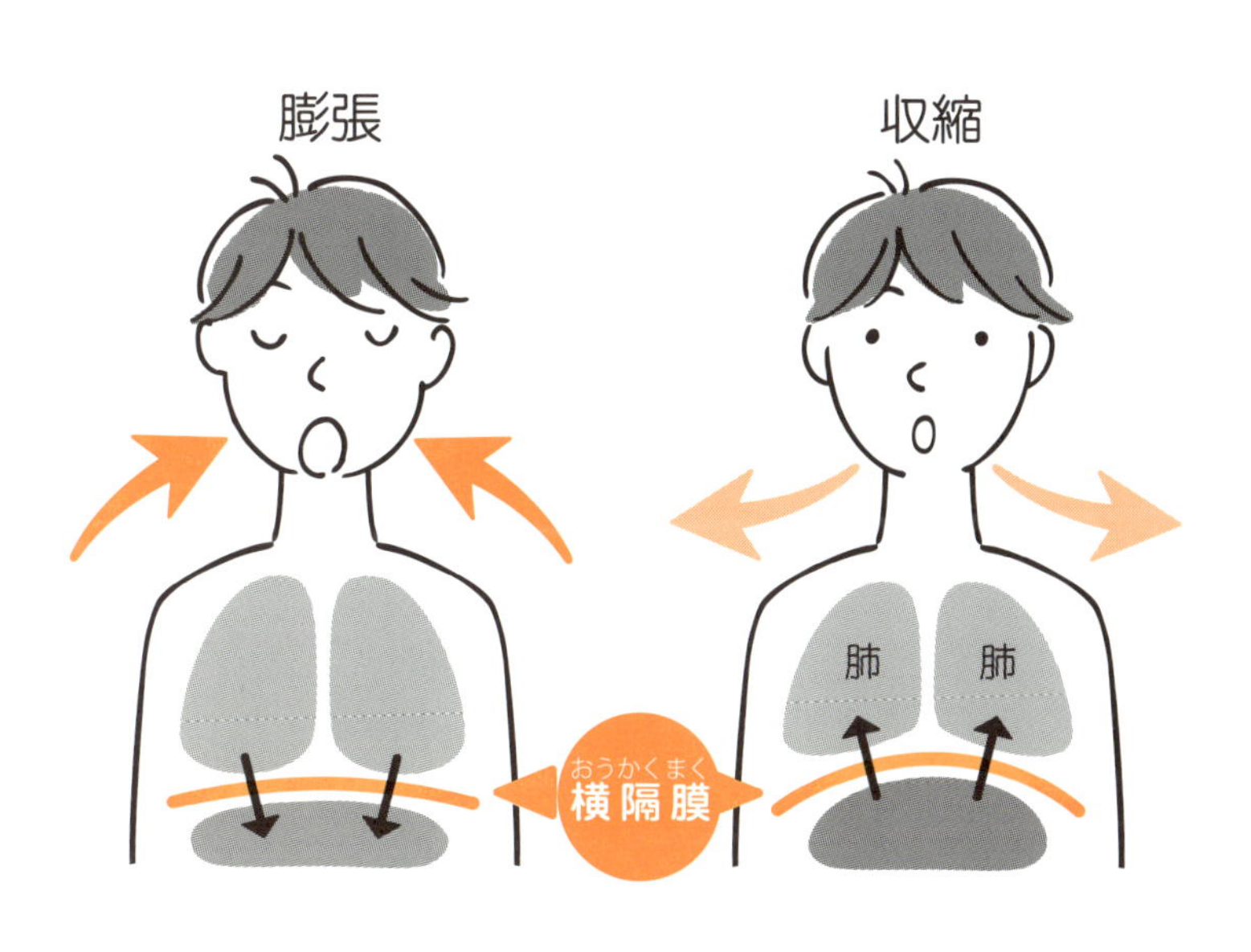

自分の意思で動かすことはできません。横隔膜は横隔神経に支配され、無意識のうちに動いています。

つまり、横隔神経が正常に作用しているおかげで呼吸ができているのですが、横隔神経が異常な興奮を起こすこともあります。

横隔神経が異常に興奮すると、横隔膜はけいれんを起こしてしまいます。このけいれんで起こるのが、しゃっくりなのです。

横隔膜がけいれんを起こすことでしゃっくりは起こります

人の肌の色はどのように決まるの？

肌の色は、人によって、また人種によって大きく違います。なぜでしょう。

肌の色は、**メラニン**という色素によって決まります。

紫外線は、皮膚の奥まで入っていくと、コラーゲンなどを破壊してしまいます。また、細胞の中のＤＮＡを傷つけ、皮膚がんなどのリスクを高めることにもつながります。

そこで、紫外線から身体を守るため、皮膚は紫外線を感じるとメラニンという黒い色素を作るようになります。これが、肌が焼けた状態です。

メラニンには**紫外線を吸収するはたらき**があるので、メラニンを増やすことで皮膚を紫外線から守ることができます。

そのため、**紫外線がたくさん当たると皮膚は一生懸命メラニンを作るのです**。

肌の焼きすぎはよくないといいます

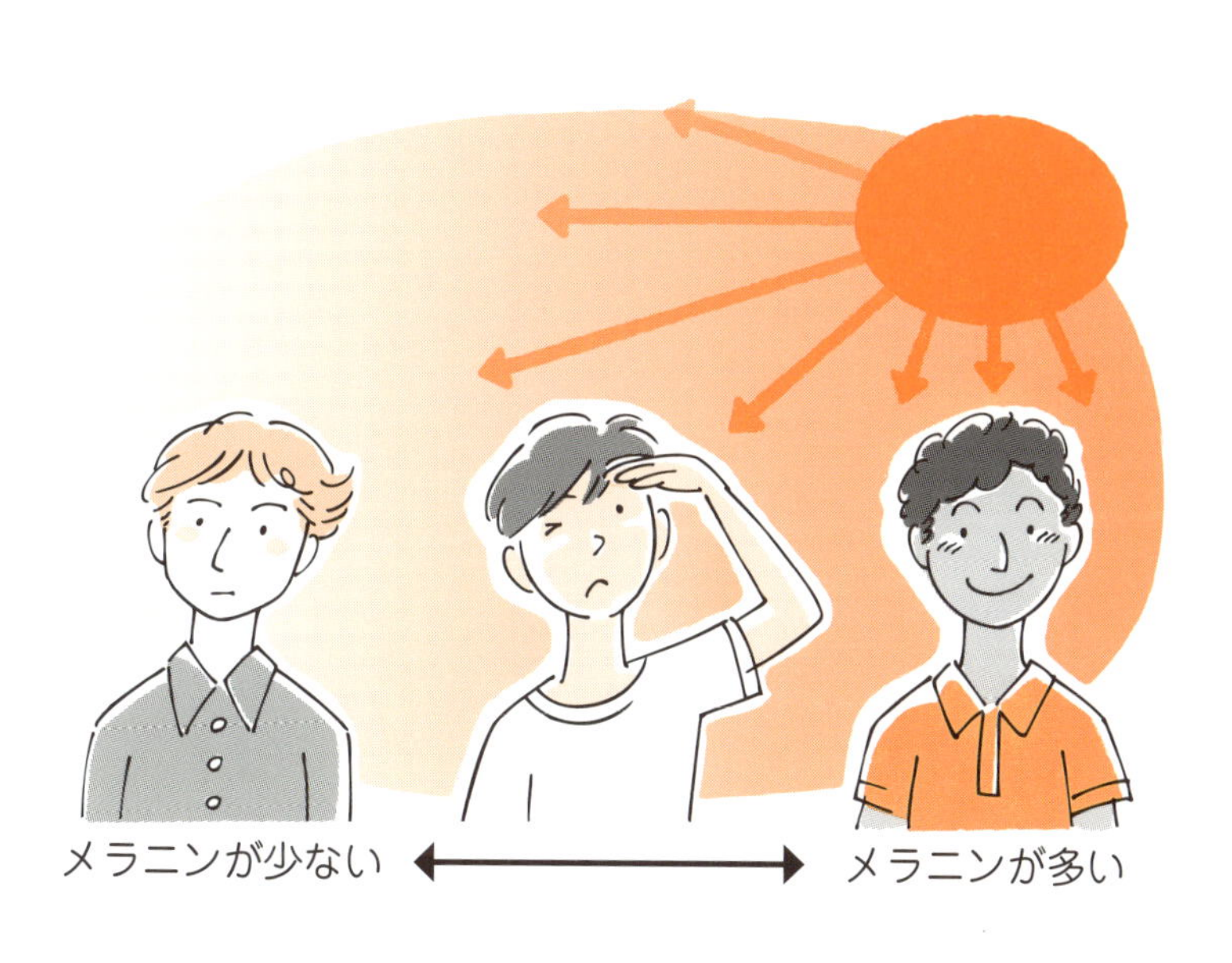

が、それは紫外線に当たりすぎることがよくないということであり、焼けること自体は肌を守るために大事なのです。

赤道直下など、日ざしの強い国の人たちは肌の色が黒いことが多いです。

これは、強い紫外線から身体を守るように進化して、生まれたときからメラニンをたくさん持っているためです。

逆に、日ざしの弱い国の人たちは肌の色が白いことが多いのです。

メラニン色素の量によって肌の色は決まるのです

人に関する疑問

瞳の色がいろいろあるのはなぜ？

世界にはいろいろな人種が存在しますが、人種による違いのひとつが瞳の色ですね。

私たち日本人は黒い瞳の人が多いですが、茶色い瞳、青い瞳、緑色の瞳などいろいろな人がいます。

瞳の色の違いは、**メラニン色素の量の違い**が原因です。

メラニンは、前のページで説明したように、私たちを有害な紫外線から守ってくれる大切なものです。

たとえば、アフリカや南国などでは太陽光が強く降りそそぎます。ですので、それらの地域に住んでいる人は瞳を紫外線から守る必要があるため、瞳の中に大量のメラニン色素が蓄えられています。

そして、**メラニン色素には光を吸収するはたらき**があるため、メラニン色素が多い瞳は黒色に見えるのです。

太陽光が強い地域…黒い瞳

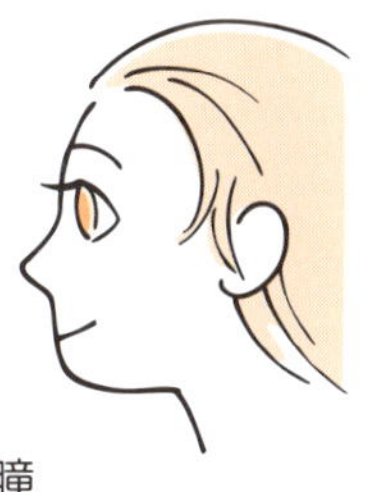

太陽光が弱い地域…青色などの瞳

逆に、ヨーロッパなど太陽光が弱い地域では、それほどメラニン色素が必要ではなくなります。そのため、この地域の人々の瞳は青色などに見えます。

これは、かんたんに説明すると、空が青く見えるのと同じしくみです。

空にある空気は青い光をたくさん散乱するので、青色に見えます。

瞳も同じで、メラニン色素の少ない瞳は青い光をたくさん散乱するため、青色に見えるのです。

瞳は紫外線の量など環境に応じていろいろな色に進化したのです

なぜ血液型はA、B、C型でなくA、B、O型なの？

そもそも血液型とは何なのかが分かると、この疑問は解消します。

血液型とは、血液の中にある赤血球についているものの違いです。

赤血球には**「糖鎖」**というものがくっついています。糖鎖とは、糖類が鎖のように細長くなったものです。

血液型の違いは、この糖鎖の種類の違いなのです。

図から分かるように、糖鎖にはすべての血液型で共通の部分があります。

そこへ、どんなものが追加されているかで血液型の違いが生まれます。

A型、B型ではそれぞれ違ったものが追加されています。しかし、O型では何も追加されていません。そこで、最初は何もないという意味で0型と名付けられました。

その後、**A、Bなどのアルファベット**

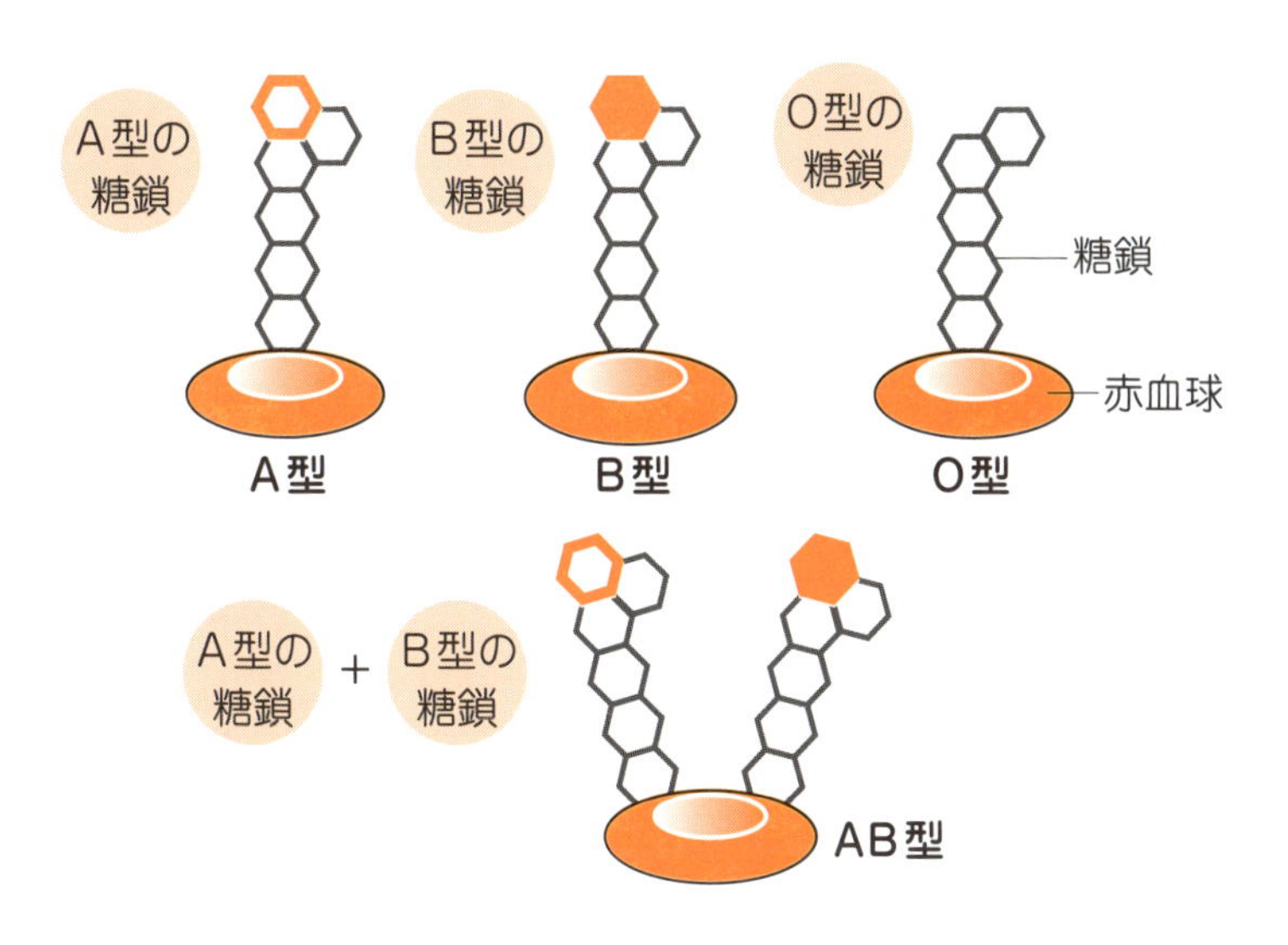

にそろえるために、0型がO型と変わったのです。

このような理由で、血液型は「A、B、C型」ではなく「A、B、O型」となっているのですね。

なお、A型についているものとB型についているものの両方がついているのが、AB型です。

もともとは「0型」だったのが、A、Bに合わせて「O型」になったのです

眼はどうやってものを見ているの？

私たちが眼で何かを見ることができるしくみは、左の図のように説明できます。

私たちが何かを見るというのは、その物体から眼までやってきた光を捉えることです。

光は、眼の中へ入ります。そして、眼の中にある**水晶体（レンズ）**へ進みます。

光が水晶体を通過していくとき、**屈折**が起こります。光が曲がる（進む向きが変わる）ということです。

そして、光は屈折することで**1ヵ所に集まる**ことができるようになります。

水晶体の厚さをうまく調節できると、光は水晶体のうしろ側にある**網膜**上でちょうど集まることができるようになります。

すると、**網膜から脳へ信号が伝わり、「見えた」と認識することになる**のです。

このように、ものが見えるためには光

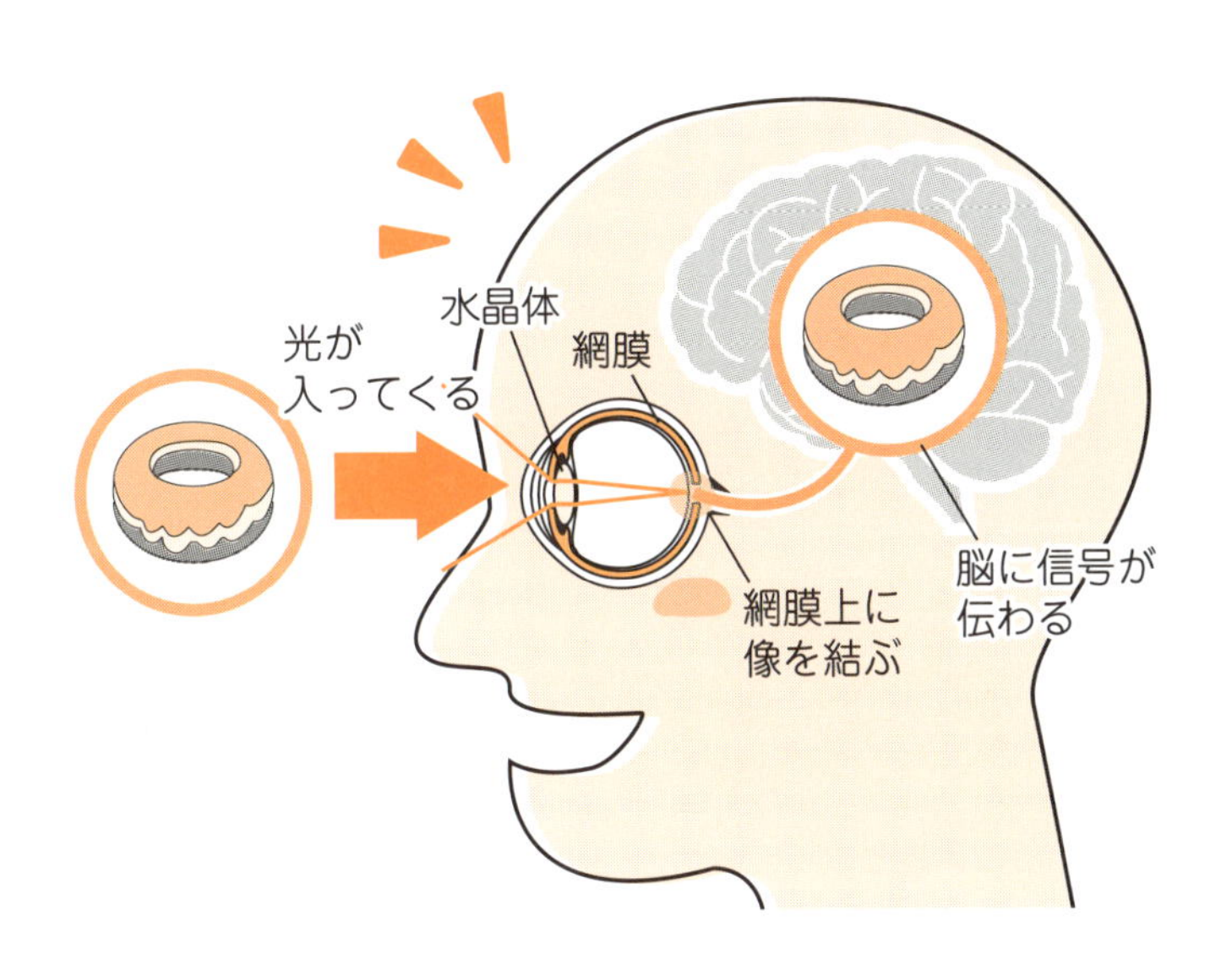
水晶体
網膜
光が
入ってくる
網膜上に
像を結ぶ
脳に信号が
伝わる

が網膜上に集まることが重要です。そして、水晶体があるおかげでそれが可能となるのです。

もしも水晶体が薄くなってしまうと、光を屈折させるはたらきが低下してしまいます。そのため光が網膜上に集まりにくくなり、ものが見えにくくなってしまうのです。

また、水晶体の厚みを調節する筋肉がおとろえてしまうと、同じようにものが見えにくくなります。

水晶体を使って光を網膜に集めることで眼は見えるのです

なぜ星は★形に見えるの？

夜空に輝いている星は「恒星」と呼ばれ、みずから光を放っている星です。

地球に一番近いのは太陽で、球の形をしています。他の恒星も球形で、★のような形をしているわけではありません。

では、本当は球の形をしている星がどうして★のような形に見えるのでしょう？

その理由は、一言で表すと「**光が目の中に入るときに広がるから**」となります。

左上の図のように、光は瞳の中に入った後、まっすぐ進まずに広がっていきます。

このとき、瞳の形がきれいな丸い形をしていれば光も丸く広がっていくのですが、瞳の形は図のようになっています。そのため、何本もの筋が広がって見えます。

目の中でこのように光が広がるため、

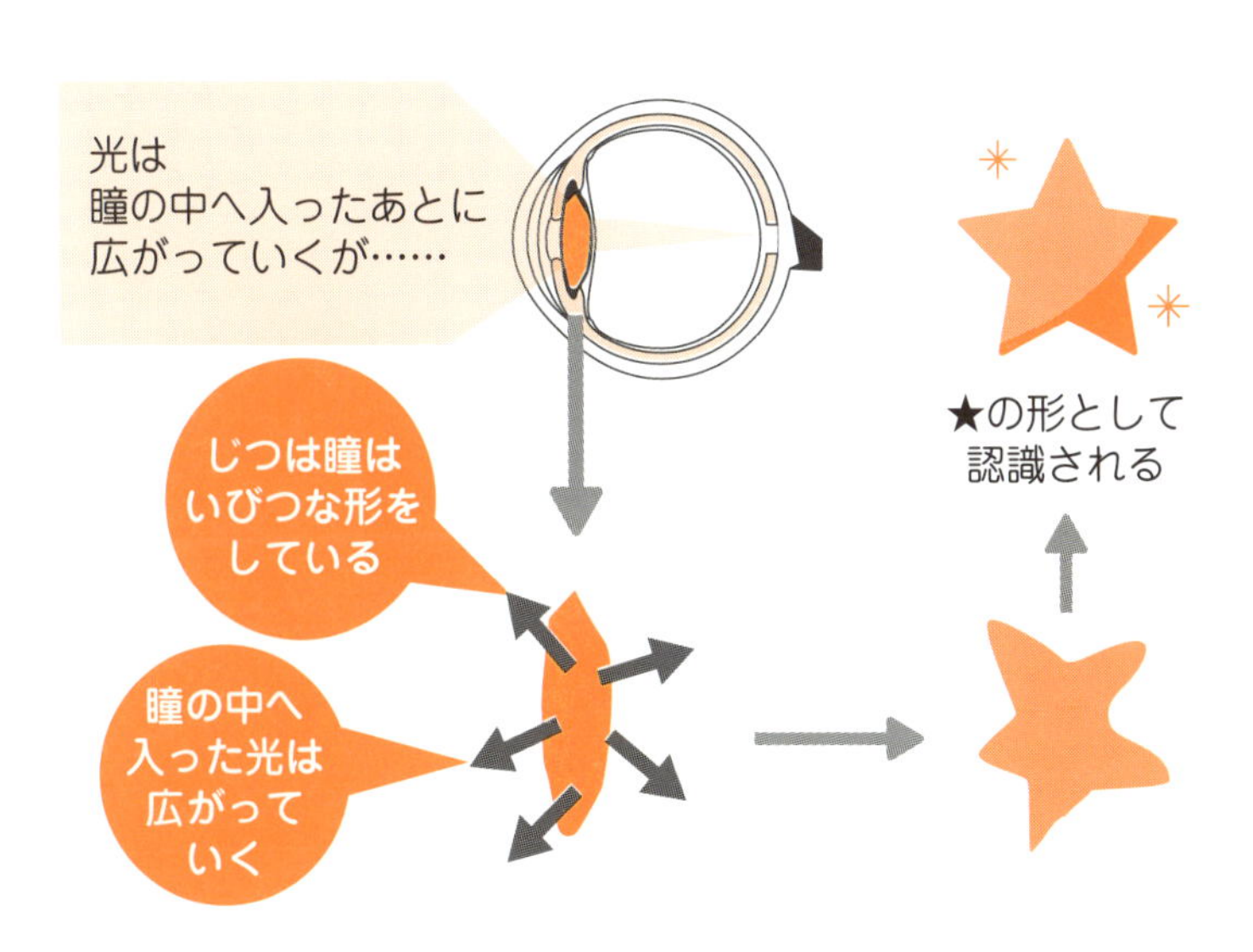
光は
瞳の中へ入ったあとに
広がっていくが……
じつは瞳は
いびつな形を
している
瞳の中へ
入った光は
広がって
いく
★の形として
認識される

あたかも星が★の形をしているように見えるのです。

なお、電球など一点から光が出るものを見ると、何本もの細い光の筋が広がって見えることがあります。

これも、電球から実際（じっさい）に光の筋が出ているのではありません。目の中で光が広がるために見える現象（げんしょう）なのです。

光が瞳の中で何本もの筋に広がることで、星が★の形に見えるのです

人に関する疑問

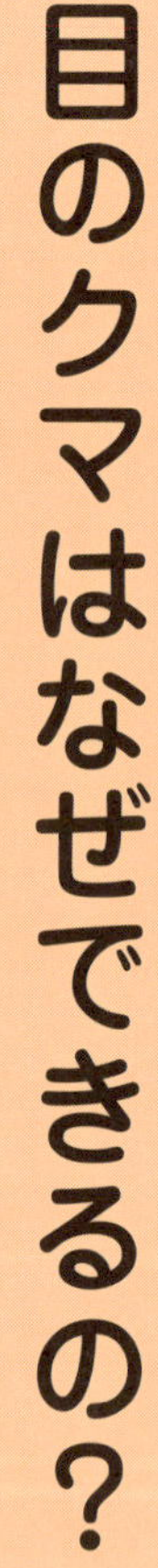

目のクマはなぜできるの？

目の下にできるクマには、2種類あります。

1つめは青っぽく見えるクマで、寝不足や疲れによってできます。

これは、血行が悪くなって全身の血液に酸素が充分行き渡らないことが原因でできます。血液の中にあるヘモグロビンは酸素とくっつくと赤くなりますが、酸素が不足すると黒くなってしまいます。

血行が悪くなると、血液中の酸素が不足して**黒いヘモグロビン**が増えるのです。

多くの血管は身体の内部にあるので外から黒いヘモグロビンは見えませんが、目の下の皮膚はとても薄いので黒色が透けて見え、青っぽく見えるのです。

このようなクマができたら、しっかり睡眠をとったり運動したりして、血行をよくすることが大切ですね。

もう1つは、茶色っぽく見えるクマで

す。これは、**皮膚にたまったメラニン色素**が原因です。

皮膚に紫外線が当たったり、皮膚をこすったりすると、メラニン色素ができます。新陳代謝が活発ならメラニン色素は角質と一緒にはがれ落ちますが、代謝が低下するとたまってしまうのです。

運動したり栄養をとったりして代謝を高めると改善するようです。

血行不良や、
目の下の皮膚にたまった
メラニンのせいで
クマができるのです

雨やくもりの日に頭痛が起きやすいのはなぜ？

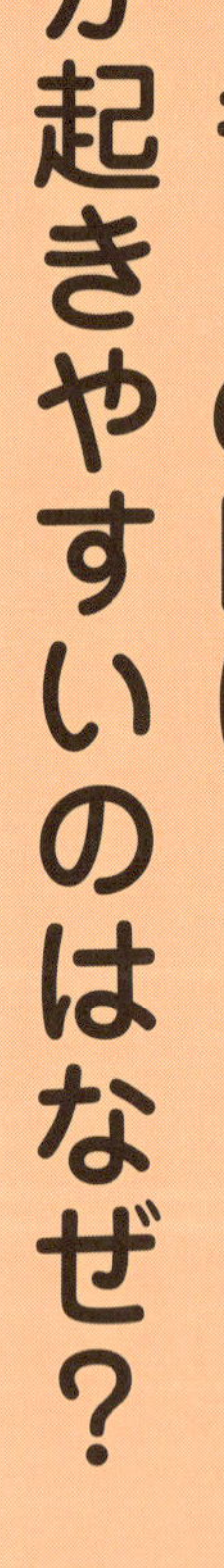

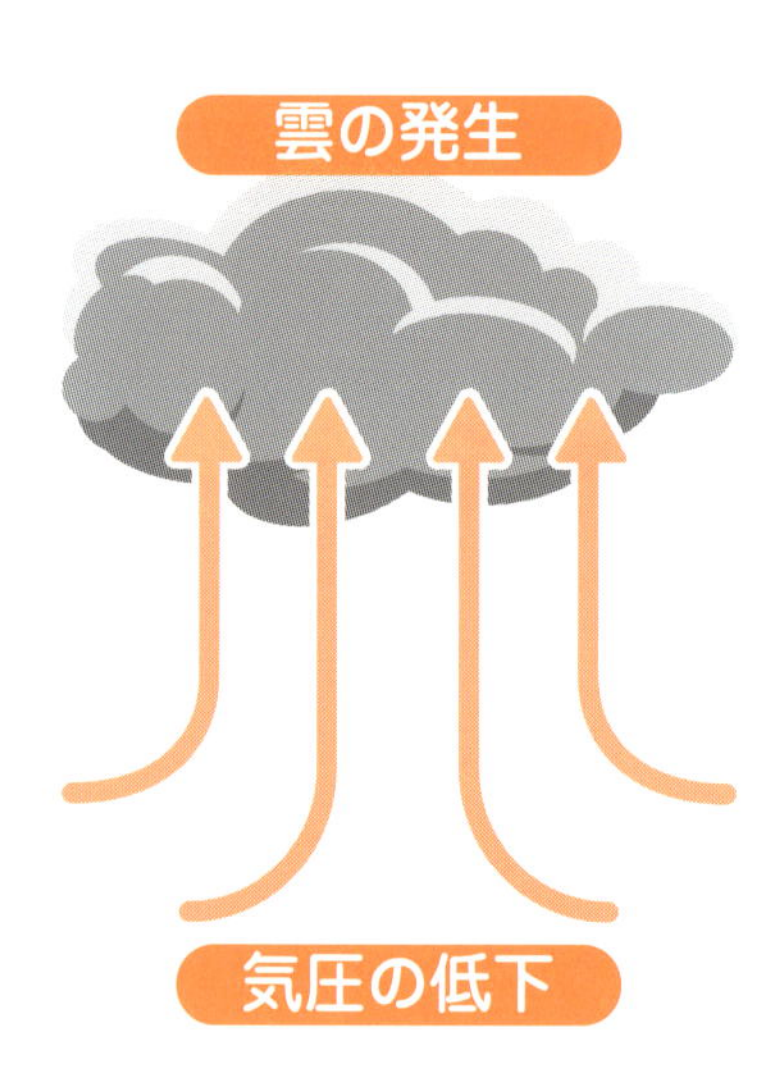

雨やくもりの日には、雲がたくさんできています。雲は、上昇気流が発生して気圧が低くなっているときにたくさんできます。

つまり、**雨やくもりの日の気圧は低くなっている**のです。

そして、気圧が低くなることが頭痛に関係しているようです。

気圧が下がると、私たちの身体が大気から押される力が弱くなります。すると、

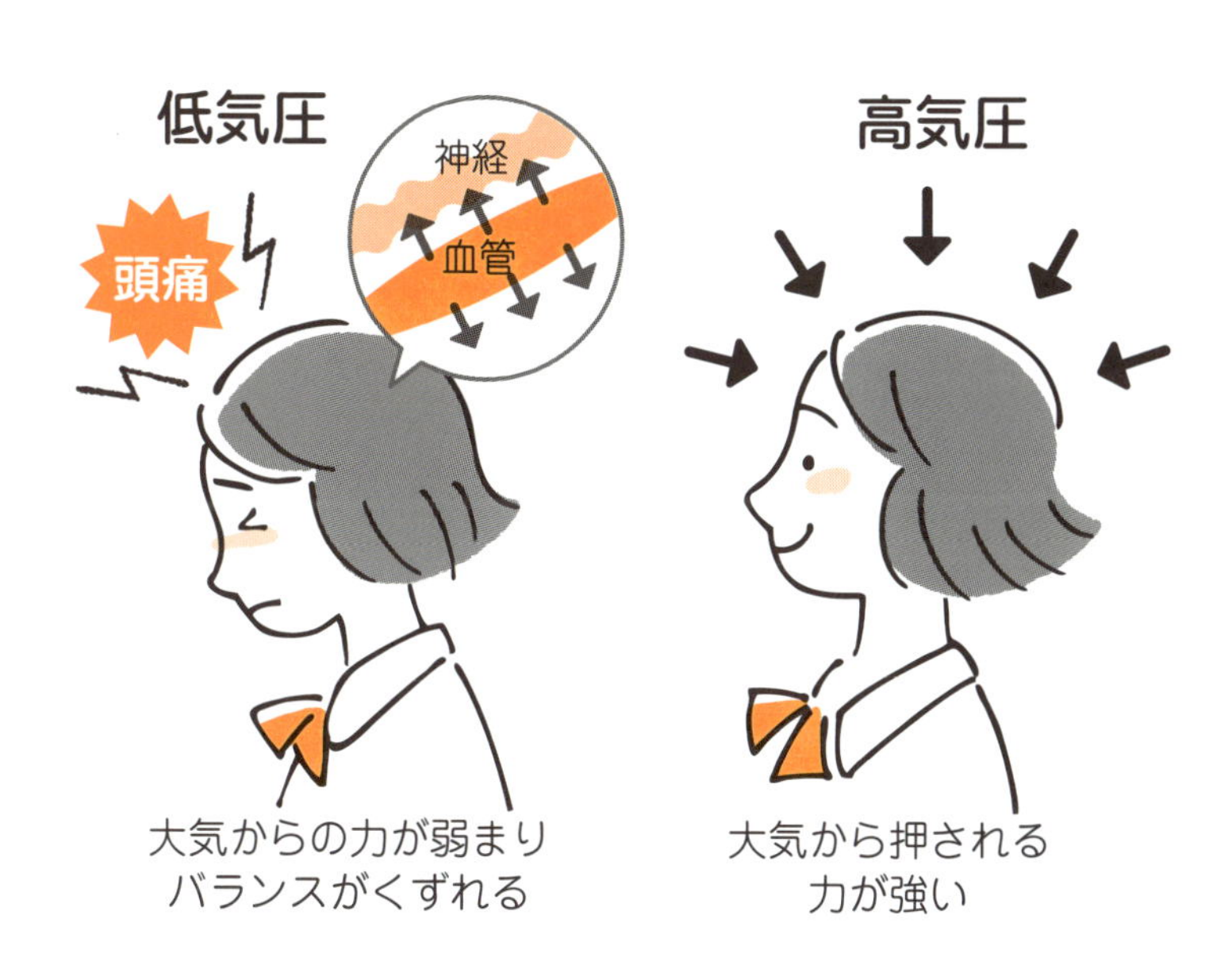

身体の中の血管は膨張します。

頭の中の血管も同じように膨張します。血管が膨張すると、その周りの神経に刺激が伝わります。

これが、頭痛を感じる原因のようです。

なお、登山をするときにかかりやすい高山病も似たようなしくみで起こります。山の上は気圧が低いので、頭痛が起こりやすいのですね。

低気圧によって膨張した血管が神経を刺激するために頭痛が起こるのです

関節がポキポキ鳴るのはなぜ？

指の関節を押したり引っぱったりすると、「ポキポキ」と音がしますよね。

そもそも、なぜ関節は鳴るのでしょう。いろいろな説があるのですが、もっとも有力なのは次のような考え方です。

関節の中には液体があります。

この液体は、関節を押したり引っぱったりすると移動します。

そして、**液体が移動すると気泡が発生し、それが破裂するのです**。気泡が破裂するときの音が、「ポキポキ」という音なのだそうです。

ふだんは、気泡は血管の中に吸収されてしまうのですが、血行が悪くなるとあまり吸収されなくなります。そのため、「ポキポキ」と鳴りやすくなるようです。

たしかに、運動して血行がよくなっているときにはあまり鳴りませんが、じっとしていたり寒かったりして血行が悪く

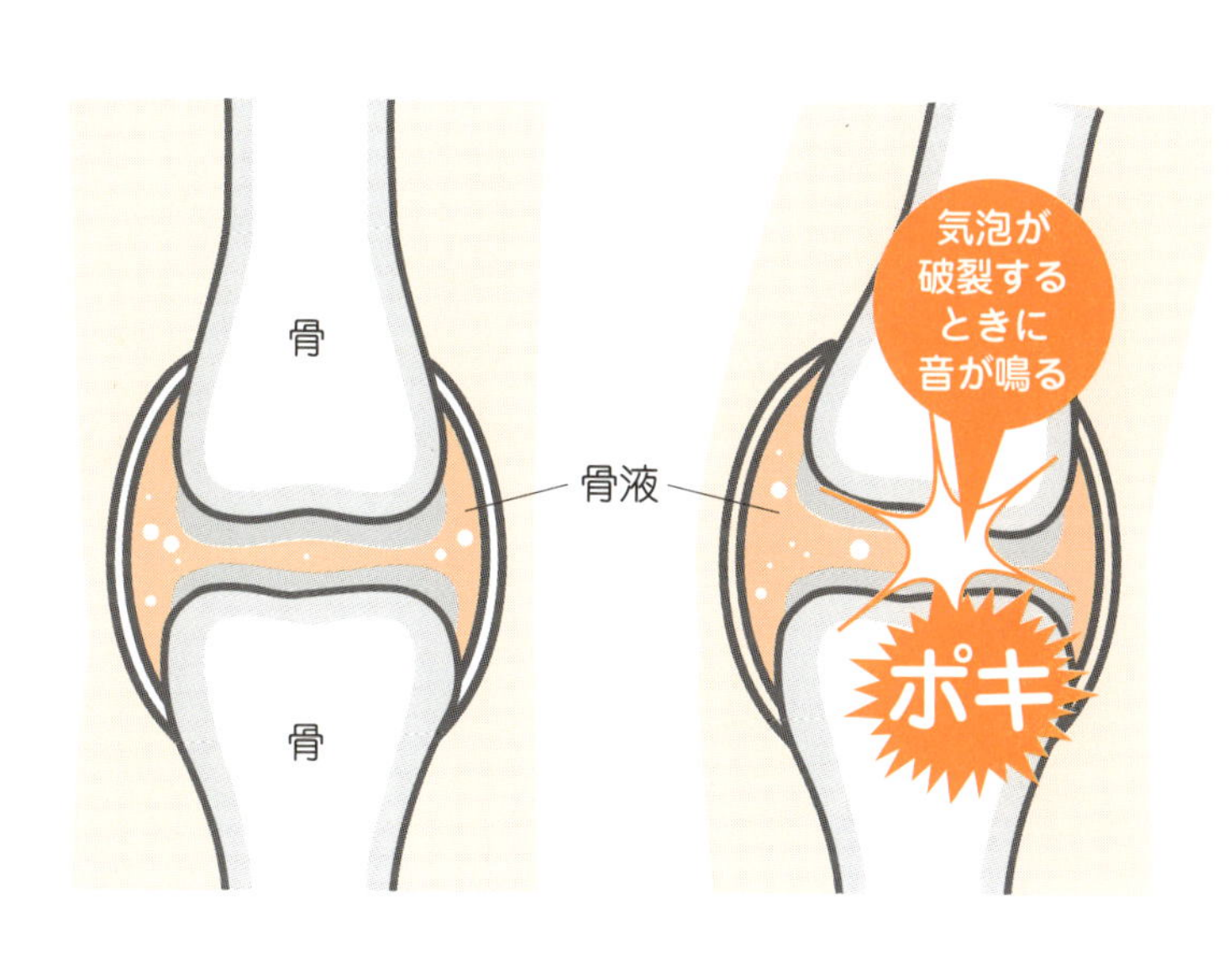

なると、たくさん鳴る気がします。

なお、あまりたくさん指を鳴らしていると、その部分が太くなってしまいます。これは、音が鳴るときに気泡が破裂して生まれる衝撃が原因のようです。

衝撃が生まれると、関節内部の軟骨などに炎症が発生します。

人間には炎症を修復しようとするはたらきがあり、修復するときに関節が太くなってしまうのです。

関節にある液体の中にできた気泡が破裂して音が鳴るのです

なぜ呼吸のしすぎで苦しくなるの？

激しい運動や、ストレスによる自律神経の乱れが原因で、過呼吸という状態になってしまうことがあります。

息苦しくなり、頭痛、めまい、手の指先や口のまわりのしびれなどの症状が出ることもあります。

過呼吸になると、「息ができない」という感覚に襲われます。でも、実際には呼吸をしすぎている状態で、決して呼吸ができていないわけではありません。

どうして、呼吸しているにもかかわらず息苦しさを感じるのでしょう？

私たちが呼吸するときには、酸素を吸いこんで二酸化炭素を吐き出します。

正常に呼吸しているときは、**酸素と二酸化炭素のバランス**が保たれているのですが、過呼吸になると二酸化炭素を吐き出しすぎてしまいます。

そのため、血液中の二酸化炭素が通

体内の二酸化炭素が減ってバランスがくずれる

常より少なくなり、これが息苦しさを感じる原因のようです。

本当は、息を吐き出しすぎないようにする方がよいのですが、「息苦しい」という感覚からよけいに呼吸してしまおうとするようです。もしも過呼吸になってしまったら、**ゆっくりと息を吐き出すのがよい**ようです。

なお、口に紙袋をあてて自分の吐いた息を吸う、という応急処置は、酸欠になってしまう恐れがあるので危険です。

呼吸のしすぎによる二酸化炭素の不足が息苦しさの原因です

体内を流れる血液はどうして酸化されないの？

血液は赤色をしていますが、これは血液の中に**赤血球**が含まれているからです。

赤血球の中には酸素を運ぶはたらきをする**ヘモグロビン**が入っていて、これが赤いので血液全体が赤く見えるのです。

たとえば、イカの血液は緑色をしています。

これは、イカの血液には赤血球が含まれず、代わりにヘモシアニンという緑色の成分がたくさん含まれているからです。

ただし、ヘモシアニンはもともと無色です。酸素とくっつくことによって緑色に変わるのです。

ヘモグロビンも同様です。

ヘモグロビンがあざやかな赤色になるのは、酸素とくっついたときです。酸素

を手放すと、暗い赤色に戻るのです。

ここで注意しなければいけないのは、**ヘモグロビンは「酸素とくっついている」だけで「酸化されている」わけではない**ということです。

もしもヘモグロビンが酸化されたら、別の物質に変化してしまいます。しかし、血液中のヘモグロビンは酸素とくっつくだけで、物質の種類は変わりません。だから、「酸化」ではないのです。

その証拠に、酸素とくっついたヘモグロビンは、かんたんに酸素を手放してもとのヘモグロビンへと戻ることができます。

この項目の質問は、「体内を流れる血

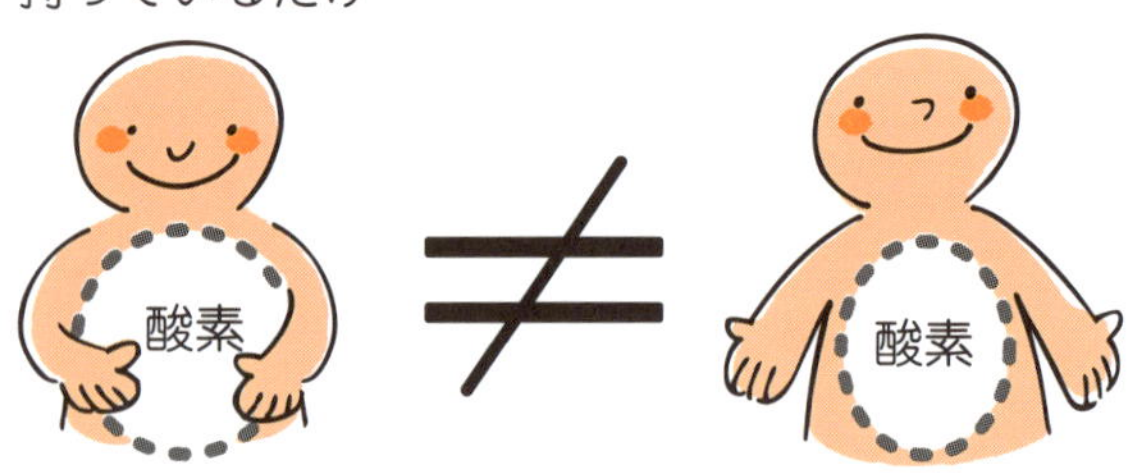

ヘモグロビンは酸素と一体化しているわけではない

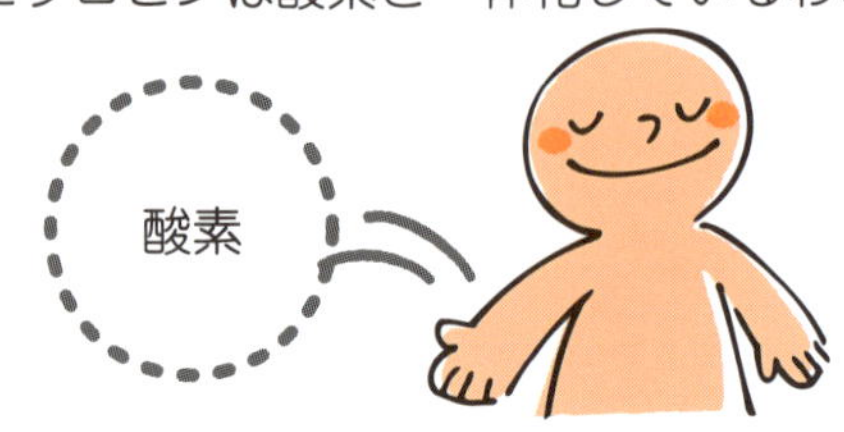

いつでも酸素と別れられる

液はどうして酸化されないの?」というものでした。

その答えは、**「血液の中にヘモグロビンの酸化を防ぐ物質が含まれているから」**です。

だから、**ヘモグロビンは酸化されることなく、酸素とただくっつくだけ**なのです。そして、それが赤くなった状態です。

もしもヘモグロビンが酸化されたら、黒っぽくなります。

その状態を目にすることができるのが、出血したときです。

血液が空気にさらされると、血液中のヘモグロビンは酸化されます。

出血したときには、血が空気にさらさ

れることになります。そのまま放っておくと、ヘモグロビンが酸化されていくのです。出血後の血液が徐々に黒ずんでいくのを見たことがあるのではないでしょうか。

体内では、そのようなことが起こらないようにするしくみが備わっているのですね。

血液の中には
ヘモグロビンとともに
その酸化を防ぐ物質が
含まれているからです

どうしてトカゲのしっぽは切れるの？

トカゲは自分でしっぽを切ることができます。そして、新しいしっぽを生やすこともできます。

トカゲは、身がわりとして差し出すために、みずからしっぽを切るようです。外敵に襲われたとき、自分の身体が食べられないよう、しっぽを差し出して食べてもらうのです。

トカゲのしっぽの骨の真ん中あたりには、**最初から切れ目が入っています**。そのため、身の危険を感じたらすぐにしっぽを切れるようになっているのです。

そして、もともと切れ目になっているため、**分裂しても血が出ることはありません**。

しっぽの再生は、**「細胞分裂」**というしくみによっておこなわれます。しっぽの細胞が分裂して数を増やすことで、ふ

いざとなれば
切れ目を利用して
逃げればいい

たたびしっぽを伸ばすのです。
トカゲにはその能力が備わっていて、しっぽを切っては再生するということを何度も繰り返します。

なお、似たようにしっぽを持つワニの場合、しっぽが切れることはありません。ワニは強いですから、しっぽを差し出して逃げる必要がないのですね。

トカゲのしっぽには
命を守るために
もともと切れ目が
入っているのです

深海魚はなぜ深海で生きているの？

世界の海でもっとも深いマリアナ海溝では、水深8178メートルもの深部で生物が発見されています。

海の深いところは水圧が大きく、また光が届かないのでとても暗くなっています。これは、生物が生きていくのによい環境とはいえません。

そのため、わざわざ深海で暮らそうとする生物は少ないのですが、逆にいえばそれだけ敵が少ない環境ということにもなります。

生物界は弱肉強食の世界ですから、できるだけ敵が少ない方がよいわけです。**大きい水圧に耐えられる構造を持つことで、敵の少ない深海に暮らしているのが深海魚**というわけです。

ふつう、魚は浮き袋を持っています。浮き袋の中身は空気です。もしも、周りの水圧が浮き袋の中の圧力より大きく

なると、浮き袋はつぶされてしまいます。だから、水圧の高い深海で生きるのは困難なのです。

しかし、**多くの深海魚は浮き袋を持っていません**。だから、体内の空気がつぶされるという心配がないのです。水圧の大きい深海でも生きられるよう、進化してきたのですね。

浮き袋を持っていないことが多いので、深海魚は深海で生きられるのです

貝がらはどうやってできるの？

貝はやわらかい生き物ですが、堅い貝がらの中に入って生きています。

貝には、生まれながらに貝がらが備わっているわけではありません。

あの貝がらはどこからやってくるのでしょうか？

貝は、貝がらの成分である**炭酸カルシウム**と**タンパク質**を分泌しながら、貝がらを作っていくのです。

貝は、海水を摂取し、海藻やプランクトンを食べて生きています。このとき、貝がらの成分となる物質を吸収しているのです。

まずは、炭酸カルシウムやタンパク質を分泌して小さな貝がらを作ります。そして、ふちの部分に成分を足して貝がらを大きくしていきます。

また、貝がらの内側の膜にも成分を足していきます。そうすることで、貝がら

を厚くしていくのです。
貝がらに刻まれている成長線という模様は、貝がらが成長してきた様子を示しています。成長線はちょうど樹木の年輪のように毎年刻まれます。
海水中に含まれる貝がらの成分の濃度は、季節によって変化します。そのため、それを材料にして作られる貝がらの色は変化を繰り返すことになるのです。

貝は海水や食べ物から
貝がらの成分を吸収して、
みずから貝がらを
作るのです

ツバメが低く飛ぶと雨が降るのはなぜ？

ツバメが低い位置を飛んでいるときは、その後に雨が降る確率が高いといわれます。

もちろん、確率が高いというだけで必ず雨が降るというわけではありませんが、ツバメと天気にどんな関係があるのでしょうか？

ツバメは、羽のある小さい虫をエサにしています。飛びながら、小さい虫をつかまえて食べているのです。

空気の湿度が高くなると、小さい虫の羽はたくさんの水分を吸収することになります。そのため、羽が重くなってしまうのです。

そして、虫はあまり高いところへ行けなくなり、低い位置を飛ぶようになります。すると、**虫をつかまえるためにツバメも低い位置を飛ぶようになる**というわけです。

このように、湿度が高くなったときにはツバメが低い位置を飛ぶことが多くなります。

湿気を多く含んだ空気がやってくると、そのあとに雨が降ることが多くなります。

そのことを、ツバメが低い位置を飛んでいることから知ることができるのですね。

湿度が高くなると
エサの虫が低く飛ぶので
ツバメも低く飛ぶのです

もう少し考えてみよう

キリンの舌は何色？

18～21ページでは、メラニン色素について説明しました。メラニン色素は、私たちを有害な紫外線から守ってくれる大事なものなのです。

ところで、キリンの舌はどんな色をしているか思い出せますか？

キリンの舌は、特徴的な黒っぽい色をしています。じつは、キリンの舌にもメラニン色素が多く含まれているのです。

キリンは、アフリカに住んでいます。アフリカは、たいへん日ざしの強い地域です。そんな環境の中で、キリンは長い舌を出して食物を摂取しなければなりません。そこで、舌に含まれるメラニン色素が役立っているわけです。

キリンの舌は、紫外線が強いところでも生きていけるように進化してきたことが分かります。メラニン色素に助けられているのは、われわれ人間だけではないのですね。

2章

身の回りに関する疑問

飛行機雲ってなに？

飛行機が飛んでいるのは上空10キロメートル以上で、気温がマイナス50～60℃の極寒のエリアです。

飛行機雲ができるしくみには、このような環境が関係しています。

飛行機のエンジンでは、「ケロシン」と呼ばれる、水分を減らして純度を高めた灯油が使われています。水分を減らすことで、低温でも凍らないのです。

ケロシンを燃やすと、**水蒸気が発生**します。それが噴出されると**極寒の中ですぐに冷やされ、水滴や氷の粒になる**のです。これが、飛行機雲の正体です。

なお、排気ガスの中には微粒子も含まれています。微粒子は核となって、水滴や氷の粒が作られるのを助けます。

また、飛行機は時速900キロメートルほどの高速で飛んでいくため、周囲の気流が乱れます。この影響で、空気が急

①
ケロシンを
噴出
②
噴出された
水蒸気が冷えて
氷の粒になる
空気中の
水蒸気も
水滴や氷の粒
になる

激に膨張することがあります。**急激に膨張した空気の温度は低下します**。そのために、**もともと空気の中に含まれていた水蒸気が水滴や氷の粒になる**こともあります。

いずれにしても、湿度が高いときほど飛行機雲はできやすくなります。飛行機雲の様子を見れば、上空の湿気の様子を知ることができるのですね。

飛行機の燃料に
含まれる水蒸気や
空気の中の水蒸気が
飛行機雲になるのです

雨の日の雲はどうして灰色に見えるの？

雲は、小さな水滴や氷の粒の集まりです。

雲には、太陽から光が降りそそぎます。光は雲の中に入っていきますが、**雲の中の水滴や氷の粒は光を散乱させます**。

ただし、すべての光を散乱させるわけではなく、雲を通過していく光もたくさんあります。

雲を真下から見たときには、この通過してくる光の色が雲の色として見えることになります。

このとき、雲が厚くなるほど光が通過するのが困難になります。水滴や氷の粒の厚い壁によって、ほとんどの光が散乱されてしまうのです。

そのため、**厚い雲を通過する光はとても少なく、下からのぞくと黒っぽく見えるのです**。

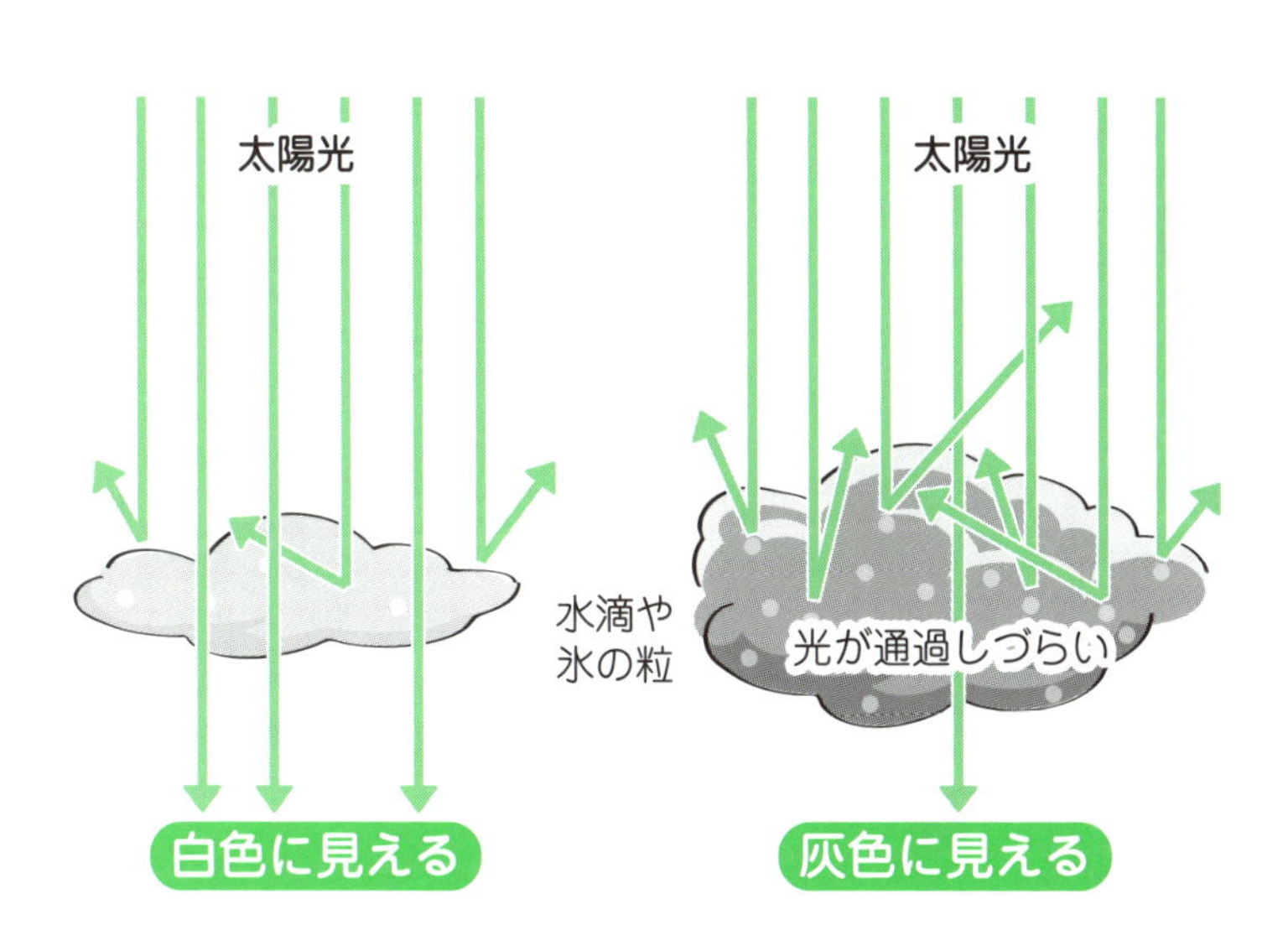

なお、厚い雲は激しい雨を降らせますが、薄い雲でも雨が降ることはあります。ですので、雨の日の雲が必ず灰色に見えるというわけではありません。

また、厚い雲が灰色に（黒っぽく）見えるのは、下から見たときだけです。見る方向によって、見え方は変わります。

厚い雲はたくさんの光を散乱させるわけですから、横から見ると白く輝いて見えます。

厚い雲は光をあまり通さないため、灰色に見えるのです

ヨーロッパなどに比べて、日本の湿気が多いのはなぜ?

夏にどの程度ジメジメするかは、国や地域によってかなり違います。

日本では、梅雨の時期から夏にかけて、湿気が高くジメジメする日が多いですが、ヨーロッパでは夏でもカラッと乾燥していて過ごしやすいです。どうして、地域によって違いがあるのでしょう?

これには、陸と海の違いが関係しています。**陸上は熱しやすく冷めやすい、逆に海上は熱しにくく冷めにくい**という違いです。この違いのため、内陸部と沿岸部で比較すると、内陸部の方が1日の中での気温の変化が大きくなっています。

この違いは、日本だけでなく世界中で見られます。

たとえば、夏の昼間には海上に比べて陸上の方が暑くなります。陸の中でも、巨大なユーラシア大陸のど真ん中であるシベリアの南部は特に暑くなります。暑くなった空気の密度は小さくなるの

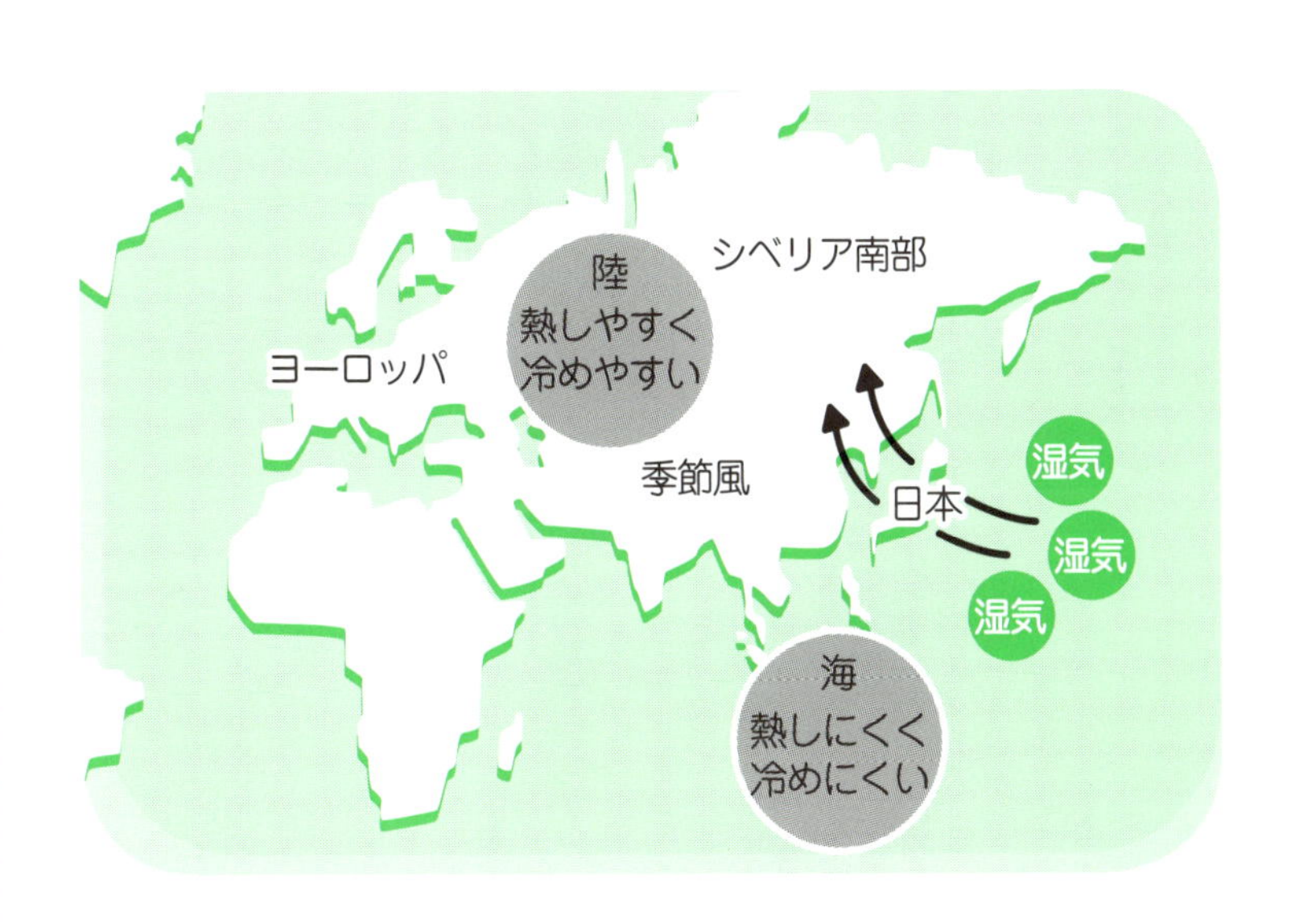

で、**上昇気流**が発生します。

これは巨大な低気圧となり、周りの空気を吸いこんでいきます。このとき、大陸の南東側にある熱帯の海からも空気が吸いこまれ、大量の湿気も運ばれることになります。

このような空気の流れを**「季節風（モンスーン）」**といいます。ちょうどその通り道に位置する日本には、海の方から大量の湿気が運ばれてきます。そのため、日本の夏はジメジメするのです。

太平洋からの風で大量の湿気が運ばれるため日本の夏の湿度は高いのです

どうして雷が発生するの？

雷は、**「積乱雲」という背の高い雲ができたときに発生します。**

積乱雲は「雷雲」「入道雲」などとも呼ばれます。

積乱雲は、**強い上昇気流**が発生するときにできる雲です。

雲の中の小さな氷の粒は、上昇気流によって上に向かって運ばれます。運ばれながら、より大きな粒に成長します。

そして、氷が大きな粒になると、上昇気流では支えきれずに落下するようになります。

すると、上昇する小さな氷の粒と落下する大きな氷の粒との間で摩擦が発生します。

摩擦によって氷の粒は**静電気をおびる**ようになります。大きい粒がマイナス、小さい粒がプラスになります。これは、ストローや下敷きを布でこすると静電気が生まれるのと同じ現象です。

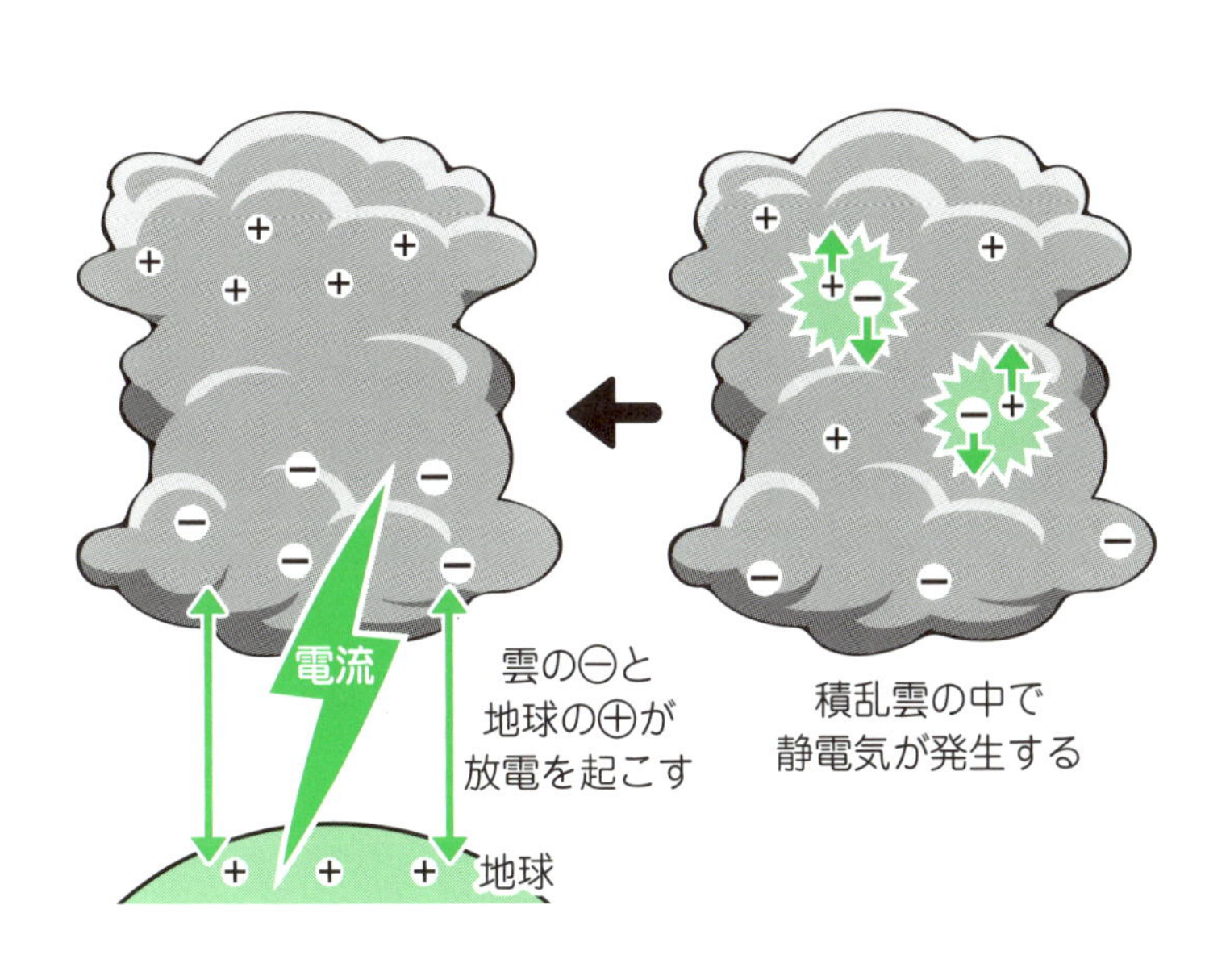
電流
雲の⊖と
地球の⊕が
放電を起こす
地球
積乱雲の中で
静電気が発生する

この結果、積乱雲の上の方にはプラス、下の方にはマイナスの電気がたまります。

　プラスとマイナスの電気が大きくなれば、その間で**放電**が起こります。これが、雲の中で発生する雷です。

　また、雲の下側にたまったマイナスの電気は、プラスの電気を地球の内部から地面に引きつけます。

　そして、地面に現れる電気量が大きくなり、1～10億ボルトという巨大な電圧が生まれます。

　本来、空気中を電気が流れることはありません。しかし、1センチメートルあたり3万ボルトという大きな電圧（でんあつ）がかかると、**空気中でも放電が起こります。**
上空から地上までの電圧が1～10億ボルトになるとこの条件を満たすため、雷が発生するのです。

ちなみに、稲妻がジグザグになるのには理由があります。

雷は、本来は電気が流れない空気の中を流れていくので、**空気の中の少しでも電気が流れやすいところを進もうと、通り道を選んでいるのです。**

その結果、ジグザグになるのです。

また、雷が起こるときに聞こえる音は、雷が地面に落下したときの衝撃音と思っている人もいるかもしれませんが、違います。

雷が空気中を流れると、空気の温度が上昇してふくらみ、そのときに音が発生するのです。

このとき、「ゴロゴロ」という低い音や「ピカッ」という高い音が出ますが、高い音が聞こえるときほど、雷は近くで発生しています。

高い音は空気に吸収されやすく、遠くまで伝わらないからです。

なお、雷は世界全体ではたった1秒間に約１００回も起こっているそうです。

1日では約８００万回です。

特に多いのは、上昇気流が発生しやすい赤道付近の熱帯雨林です。

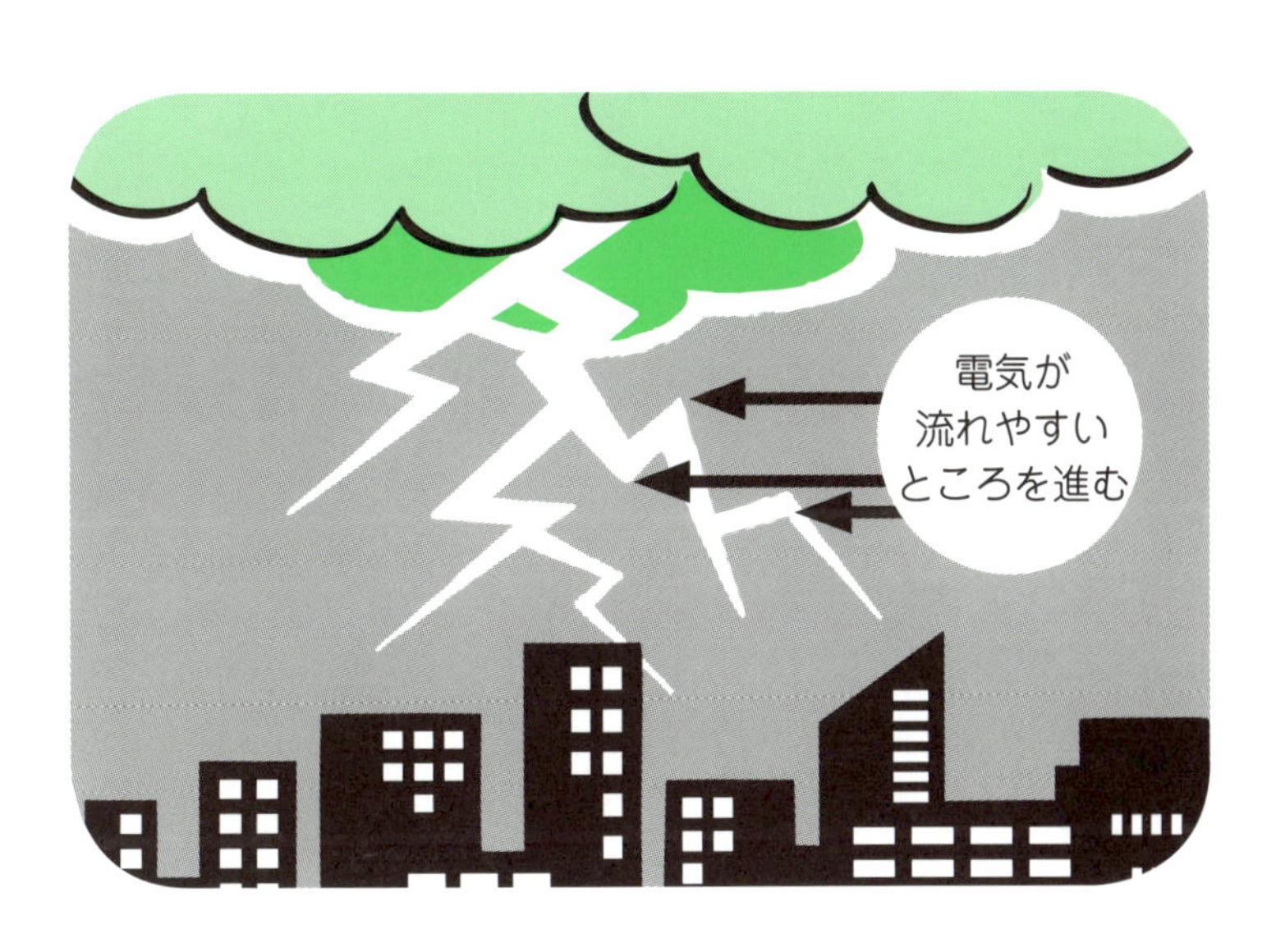

雷が落ちたときには、数万～数十万アンペアの電流が流れます。

1回の落雷で発生するエネルギーは、およそ900メガジュールという値（あたい）です。これは、家庭用のエアコン（1キロワット）を240時間（10日間）連続で運転させられるほどのエネルギーに相当します。

上昇気流の中の氷の粒が
摩擦しあうことによって
静電気がたまり、
それが雷を起こすのです

避雷針はなぜ雷を引き寄せるの？

雷が直撃して人が死亡したという事故は、残念ながら毎年発生しています。雷が起こっているときには、なるべく外出を避けたいですね。

雷が**避雷針**に落ちてくれれば、安全です。雷が落ちるということはそこに電気が流れるということですが、避雷針に落ちた雷は周囲の建物へ伝わらず地面へ流れていきます。

雷対策として、いろいろな建物に避雷針が取り付けられています。

雷が避雷針に落ちやすい理由は、いくつかあります。

おもな理由の1つめは、**避雷針の先端が高いところにあるから**です。

雷は上空の雲から地上まで、空気の中を伝わっていきます。本来、空気の中は電気がとても流れにくいのですが、雷発生時の超高電圧によって流れるのです。

このとき、少しでも空気の通り道が短い方が電気は流れやすくなります。避雷針の先端は雲との距離が短くなっているので、雷が落ちやすいのです。

もう1つは、避雷針の先端がとがっているからです。

電流は、**とがっているところに流れやすい**という性質があります。

この性質を利用できるように、避雷針の先端はとがらせてあるのです。

避雷針は雲に近くてとがっているため、雷が落ちやすいのです

なぜ夕立は夏に起こるの？

夏の午後に降る雨を夕立といいます。夕立の特徴は短時間でザーッと強く降ることです。

なぜ、夏の午後にはこのような雨が降ることが多いのでしょう？

この原因は、夏に発生しやすい**入道雲**にあります。

地面の温度は日中に一番上がるため、上昇気流も日中に生じやすくなります。

上昇気流によって入道雲ができますが、すぐに雨が降るわけではありません。上昇気流が、雨粒を落下しないよう支えているからです。

しかし、やがて雲が大きくなって落下しようとする雨粒が多くなると、**上昇気流では支えきれなくなり雨が降り出します**。そして、雨が降ると空気が冷やされます。冷えた空気は密度が大きいため下の方へ移動します。

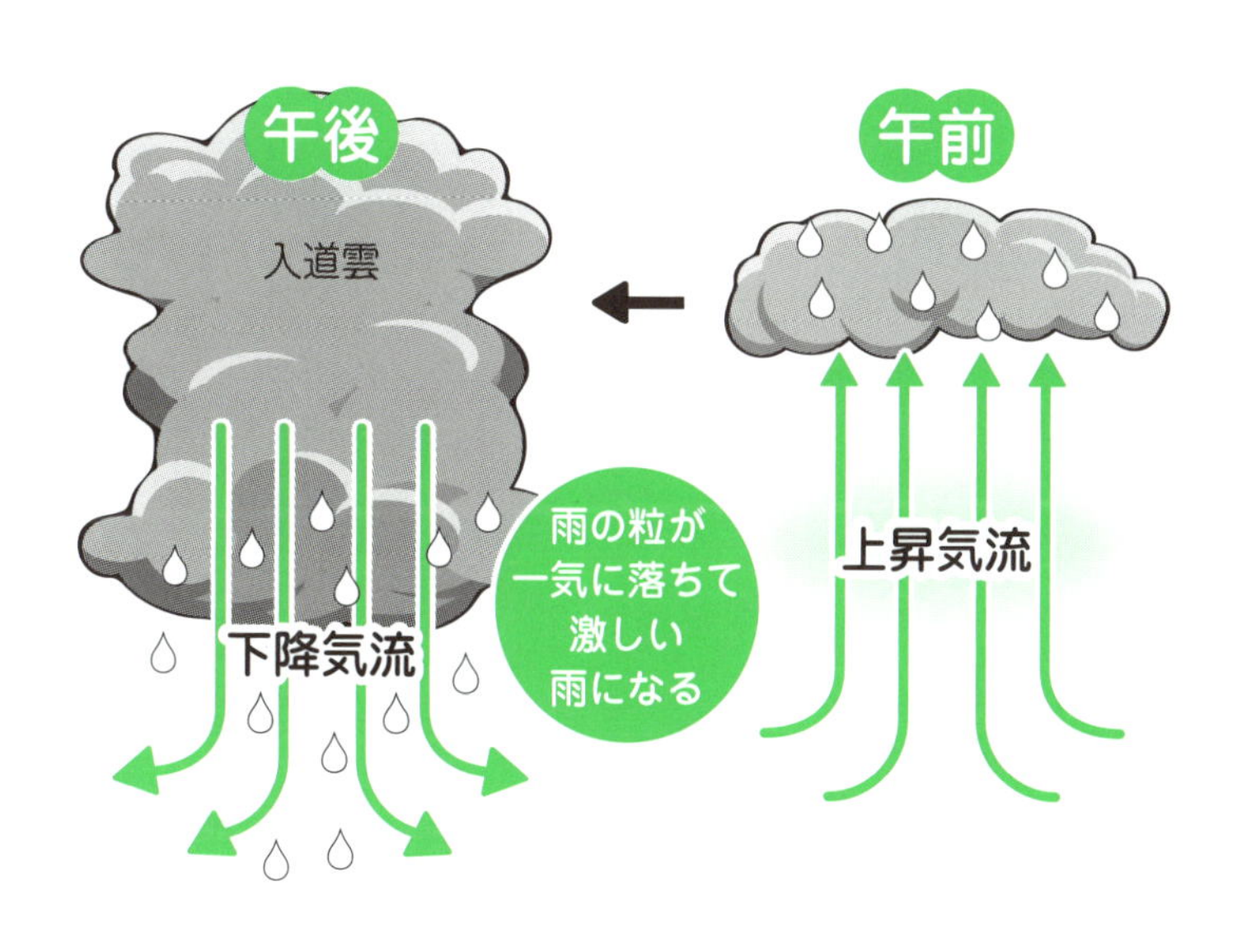

この流れは、それまでの**上昇気流を下降気流に変えてしまいます**。すると、**入道雲に蓄えられていた雨粒や氷の粒が一気に落下しはじめ**、激しい雨になります。このようにして夕立が降るのです。

なお、入道雲の特徴は、高さはあるけれども面積は狭いことです。ですので、入道雲から降る雨は強いけれども、降るエリアは狭くなります。

入道雲が大きくなると
上昇気流では支えきれず
雨粒や氷の粒が
一気に落ちるのです

なぜ水は0℃というきりのよい温度で凍るの？

世の中にある液体（えきたい）は、水だけではありません。アルコールや油など、身近なところにはいろいろな液体があります。

そして、凍（こお）りはじめる温度もさまざまです。

消毒に使うエタノールというアルコールは、純粋（じゅんすい）なものだとマイナス114℃まで冷やさないと凍りません。

油の場合は、凍る温度は種類によってさまざまです。たとえばオリーブオイルは0～6℃で、ゴマ油はマイナス6～マイナス3℃で凍りますので、常温（じょうおん）では液体です。

しかし、肉の脂身（あぶらみ）のように常温では固（こ）体（たい）のものもあります。これは、凍る温度が常温より高いからです。

どんな液体も冷やしていけば凍るのですが、凍りはじめる温度が違（ちが）うのです。

では、どうして水は0℃というきりのよい温度で凍るのでしょう？

じつは、水が凍る温度が0℃であるのは、偶然(ぐうぜん)ではありません。

「~℃」という私たちがふだん使う温度を「セ氏温度」といいます。

そもそもセ氏温度を決めるときに、「水が凍りはじめる温度を0℃としよう」と決めたのです。

さらに、「水が沸騰(ふっとう)をはじめる温度を100℃」とも決めました。そして、0℃と100℃の間を100等分するようにしたのです。

水が凍る温度をもとにして0℃という温度を決めたのです

なぜ水だけが凍ると膨張するの？

この疑問を出してくれた人は、冬の寒い時期に水を入れた瓶を外へ出しておいたら凍って割れてしまったという経験をしたそうです。凍ったことで水が膨張したからですね。

じつは、**凍るときに膨張するのは水だけ**です。他の物質は、凍ると収縮します。

たとえば液体のアルコールを冷やして固体にすると、液体のときより体積が小さくなるのです。

水は、水の分子という目に見えない小さな粒がたくさん集まってできています。そして、液体のときには分子がバラバラに動き回っています。

しかし、水が凍って氷になると、分子はきれいに整列します。分子がきれいに整列した状態を**「結晶」**といいます。

以上のことは、ほとんどの物質で同じです。しかし、水の場合には**分子が結晶を作るときには広い隙間ができる**という

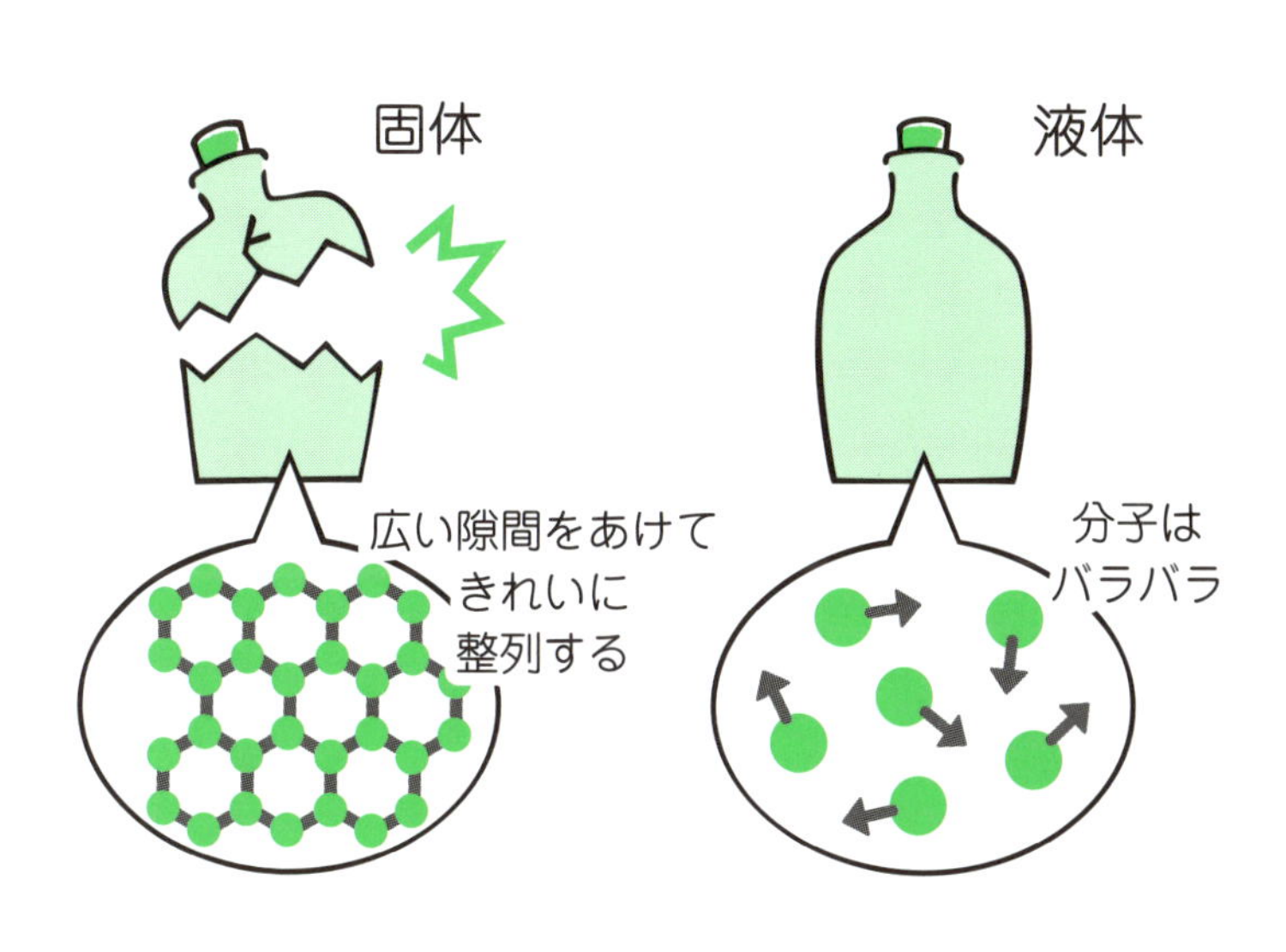

特徴があります。

その理由は、水の分子どうしが非常に強く引きつけあうからです。

水以外の物質でも、分子と分子の間には引きつけあう力がはたらきます。しかし、その中でも**水の分子の間の引力は特に強力**なのです。**そのため、そんなに接近しなくてもじゅうぶん結合を保つことができる**のです。

液体の水は広い隙間を作りながら氷になるため、ふくらむというわけですね。

水の分子は
隙間を作って並ぶので
膨張するのです

水に関する疑問

雪が降ったときにまく「エンカル」ってなに？

冬に降る雪は、歩行者にとっても車の運転手にとってもとても危険なものです。特に、一回融けた雪がふたたび凍るとツルツルになってスリップしやすくなってしまいます。

そこで、一度融けた雪を凍りにくくするためにまくのが「エンカル」と呼ばれる白い粒です。

「エンカル」と呼ばれているのは、**「塩化カルシウム」**という物質です。なぜこれをまくと凍りにくくなるのでしょう？

じつは、塩化カルシウムにかぎらず、**何かが溶けた水は何も溶けていない水に比べて凍りにくくなります**。

何も溶けていない純粋な水は0℃で凍ります。しかし、何かを溶かした水は0℃では凍りません。もっと低い温度にならないと凍らないのです。

凍りはじめる温度は溶かしたものの量

水に
溶けると
熱を
放出する
何かが溶けた水は
凍りにくい
エンカル
安く作れる

や種類によって変わりますが、とにかく何かを溶かすと凍りにくくなるのです。

というわけで、塩化カルシウムでなくても、たとえば食塩をまいたりしても同じように凍りにくくなります。

そういう意味では何でもよいのですが、上の図のような理由で塩化カルシウムが選ばれているようです。

エンカルとは
塩化カルシウムのことで
これを使うと
凍りにくくなります

炎ってなに？

勢いよくものが燃えると炎も大きくなりますし、他のものに燃え移ってかんたんに増えたり、逆に消えたりします。とても不思議な存在ですが、炎はいったい何でできているのでしょう？

炎は、何かが燃えるときに現れます。では、そもそも「燃える」というのはどういうことなのでしょう？

ものが燃えるときには、酸素とくっつきます。しかし、ものが燃えなくても酸素とくっつくことはあります。

たとえば、濡れた鉄板を放置しておいたらさびていきます。「さびる」という現象も酸素とくっつくことなのですが、鉄板は燃えるわけではありませんね。

つまり、燃えるというのは単に酸素とくっつく〝だけ〟のことをいうわけではないのです。

「燃える」というのは、「熱と光を出し

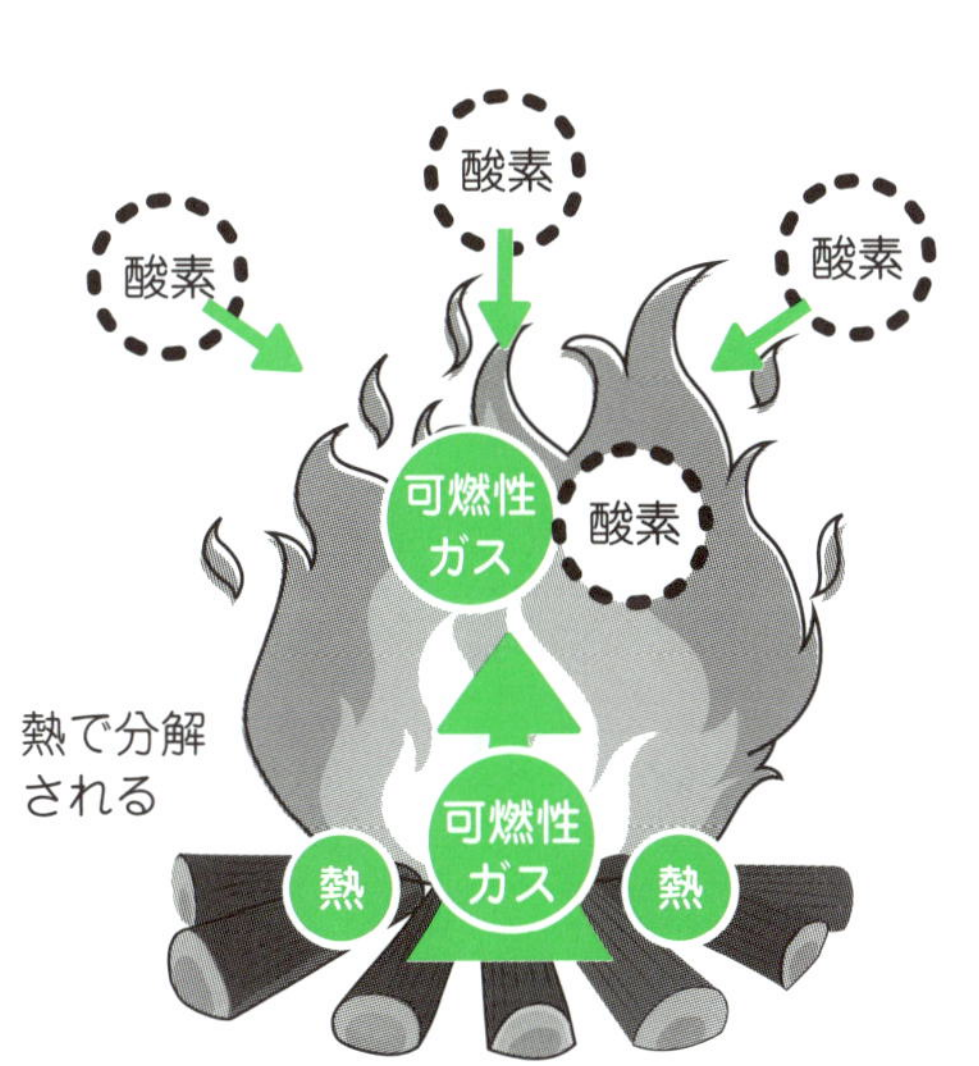
酸素
酸素
酸素
酸素
可燃性ガス
可燃性ガス
熱
熱
熱で分解される
ものが
熱で分解されて
可燃性ガスが
発生する
可燃性ガスが
空気中の酸素と
結びつき
熱と光を出す

ながら酸素とくっつくこと」です。

ガスコンロでガスが燃えているときには、ガスが空気中の酸素とくっついています。そのとき、**熱と光を同時に出す**のです。だから熱く明るくなるわけで、これが「炎」の正体です。

炎という何か特別な物質が存在するように思っていたかもしれませんが、そうではないのですね。

ものが酸素と
くっつくときに
発生する熱と光が
炎の正体なのです

炎に関する疑問

ものが燃えるときに出る煙ってなに？

ものが燃えると、煙が出ることがありますよね？

あれはいったい何なのでしょう？

まずは、ものが燃えるしくみについて説明します。

ものが燃えることを「燃焼」といいますが、燃焼とは「熱と光を出しながら酸素と結びつくこと」です。

では、どうやって酸素と結びついているのでしょう？

そのしくみは炭素を含まない物質である「無機物」と、炭素を含む物質である「有機物」で違います。

無機物を燃やした場合、煙が出ることはありません。

たとえば、鉄のような金属は炭素を含みませんので無機物ですが、燃やしても煙は発生しませんね。

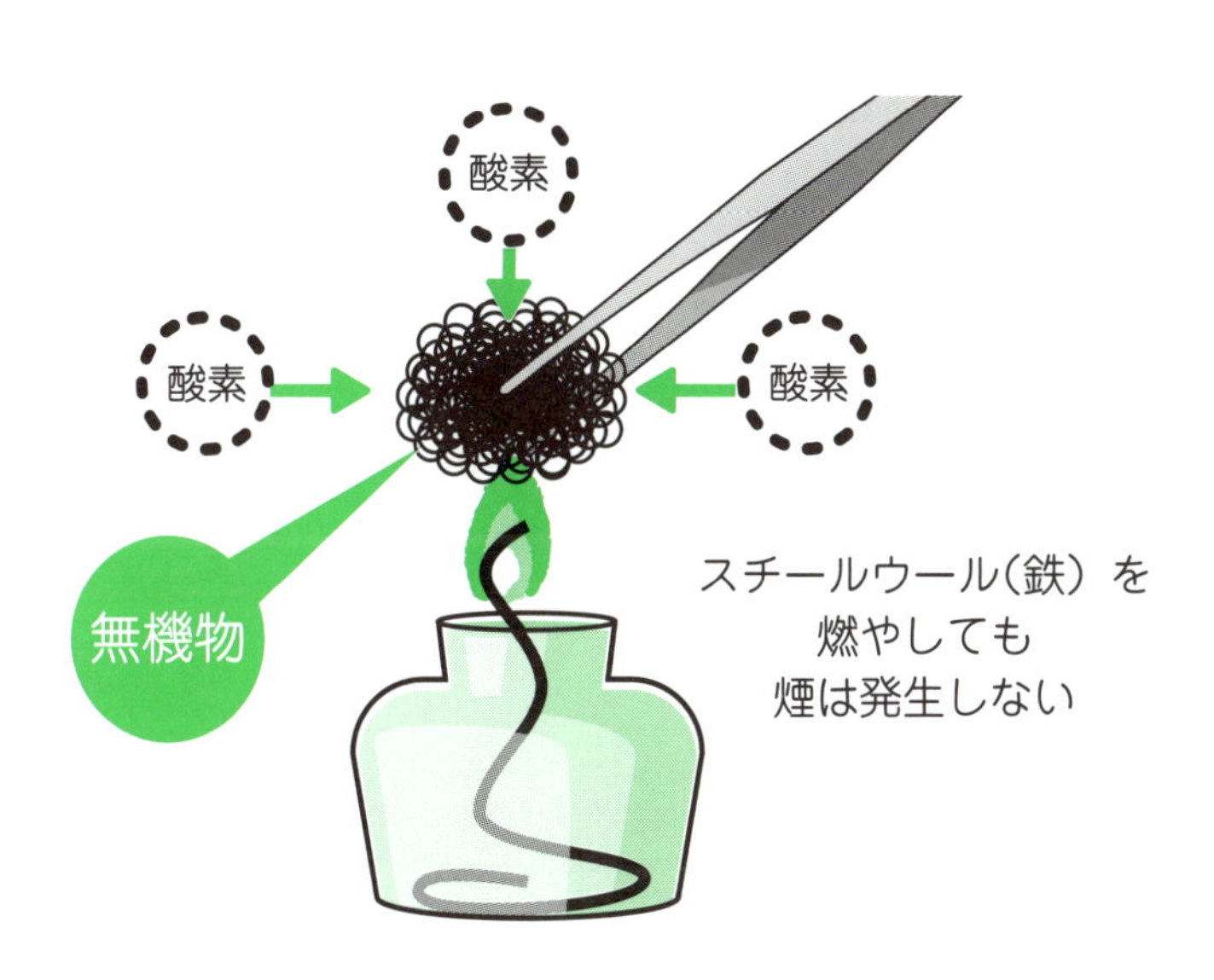
酸素
酸素
酸素
無機物
スチールウール（鉄）を
燃やしても
煙は発生しない

金属を加熱すると、酸素がどんどんくっついていきます。酸素がくっつくだけで何かが出てくるわけではないので、煙は発生しないのです。

煙が出るのは、有機物を燃やしたときです。木や紙、布などは有機物ですが、いずれも燃やすと煙が出ます。どうして、有機物を燃やすと煙が出るのでしょう？

有機物の燃え方は、無機物と少し違います。

無機物の場合は、無機物に直接（ちょくせつ）酸素がくっついていきました。それに対して、有機物が燃えるときには、まずは有機物が少しずつ分解（ぶんかい）してガスになっていきま

す。これを可燃性ガスというのですが、**可燃性ガスに酸素がくっついていく**のです。

このとき、もしも可燃性ガスがすべて酸素とくっついたら、煙は発生しません。というのは、可燃性ガスと酸素がくっつくと、二酸化炭素や水蒸気になるからです。

二酸化炭素や水蒸気は、目に見えません。ですので、これらは煙ではありません。しかし、実際には可燃性ガスがすべて酸素とくっつくことは、ほとんどありません。**可燃性ガスの一部は酸素とくっつかずに、そのまま広がっていくのです。**

広がっていった可燃性ガスも気体ですから目に見えません。しかし、冷えると

液体や固体の小さな粒に変化します。すると、私たちの目に見えるようになります。

これが「煙」の正体なのです。

なお、可燃性ガスが冷えてできる粒がほとんど炭素でできている場合は、白い煙でなく黒い煤になります。

また、有機物が加熱されたときに、可燃性ガスに分解されずに燃え残ったものが、「灰」や「炭」です。

燃えている物質の酸素とくっつかなかった部分が煙になるのです

ものに関する疑問

なぜガスコンロの火でアルミニウムの鍋が融けないの？

固体のアルミニウムが融けて液体になる温度（融点）は６６０℃です。

これは銅の融点（１０８３℃）や鉄の融点（１５３５℃）よりも低く、アルミニウムは融けやすい金属といえます。

それに対してガスコンロの炎の温度は、場所によって違いますが一番高いところは１９００℃ほどになるようです。

つまり、炎によってアルミニウムの鍋は融点よりずっと高温に熱せられるのです。そうすれば、アルミニウムは融けてしまいそうですよね？　鋭い質問です。

でも、実際にはそんなことはありません。なぜでしょう？

たしかに、炎の温度はとても高くなっています。しかし、だからといって**アルミ鍋の温度も同じ温度まで上がるわけではない**のです。

アルミ鍋は加熱されて熱を受け取りま

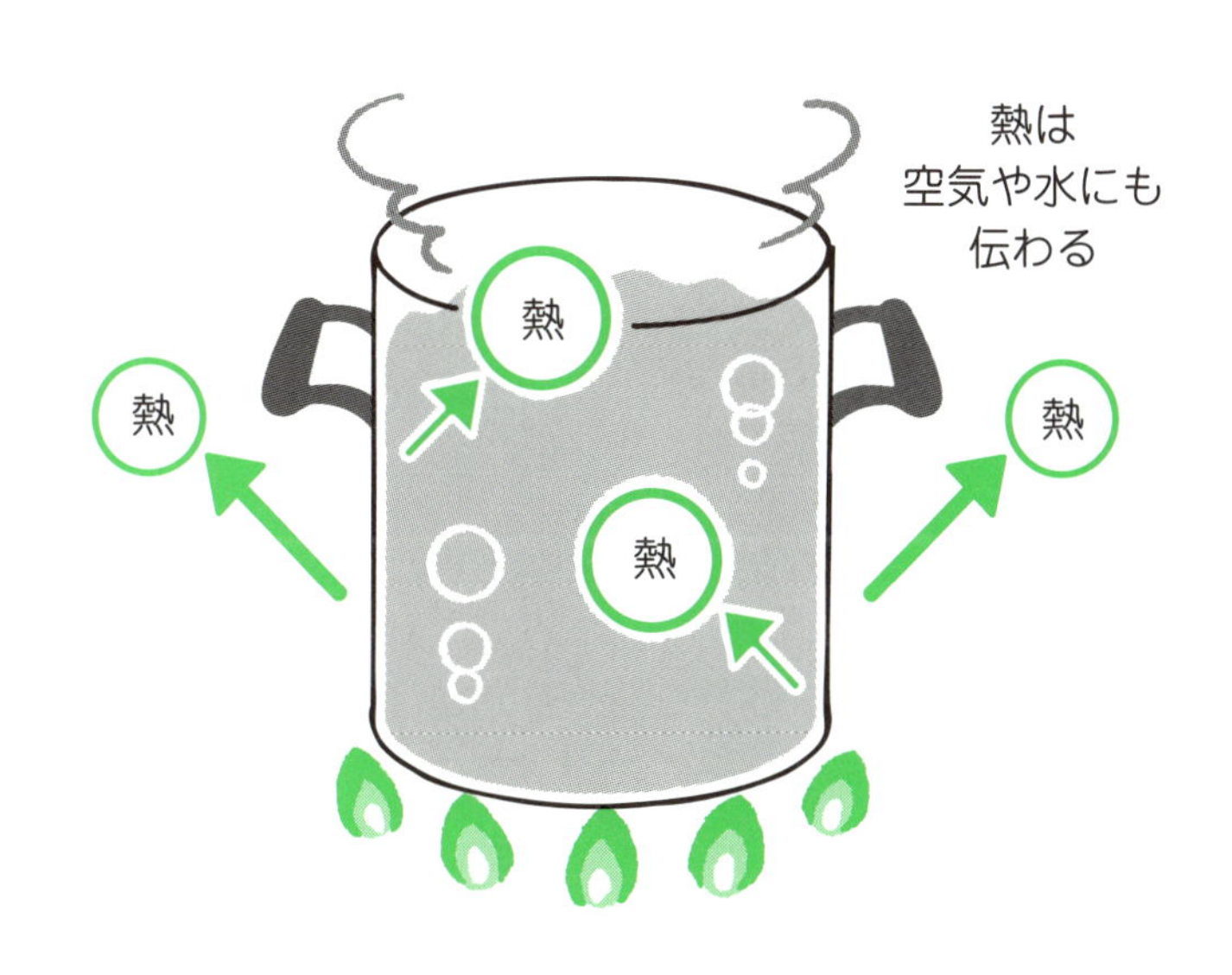

すが、同時に**空気中に熱を放出します**。

また、**鍋の中に水が入っていれば、そちらへも熱が伝わっていきます**。

ですので、もちろんアルミ鍋の温度は上がりますが、急激に上がるわけではないのです。

ただし、アルミニウムも小さく切られてしまうと、熱に勝てず融けてしまいます。

鍋から
空気や中の水に
熱が放出されるので
鍋は融けないのです

黒板は何でできているの？

おそらく、黒板がない学校は日本にはないのではないでしょうか。

私たちになじみ深い黒板ですが、日本では明治時代から使われているそうです。

日本で初めての学校制度のスタートと同時に、アメリカから「ブラックボード」が持ちこまれたのです。

初期の黒板には、墨汁を塗った上に柿渋を上塗りしたものなど簡易的なものもあったようですが、現在は違います。現在、ほとんどの学校で使われているのは**ホーロー黒板**という種類の黒板です。

ホーローというのは、**金属の表面にガラス質の釉薬を焼きつけたもの**です。

ホーローは浴槽やキッチン、家の外壁などいろいろなところで使われています。黒板の場合は、鉄の板の表面にガラス質の釉薬が吹き付けられています。

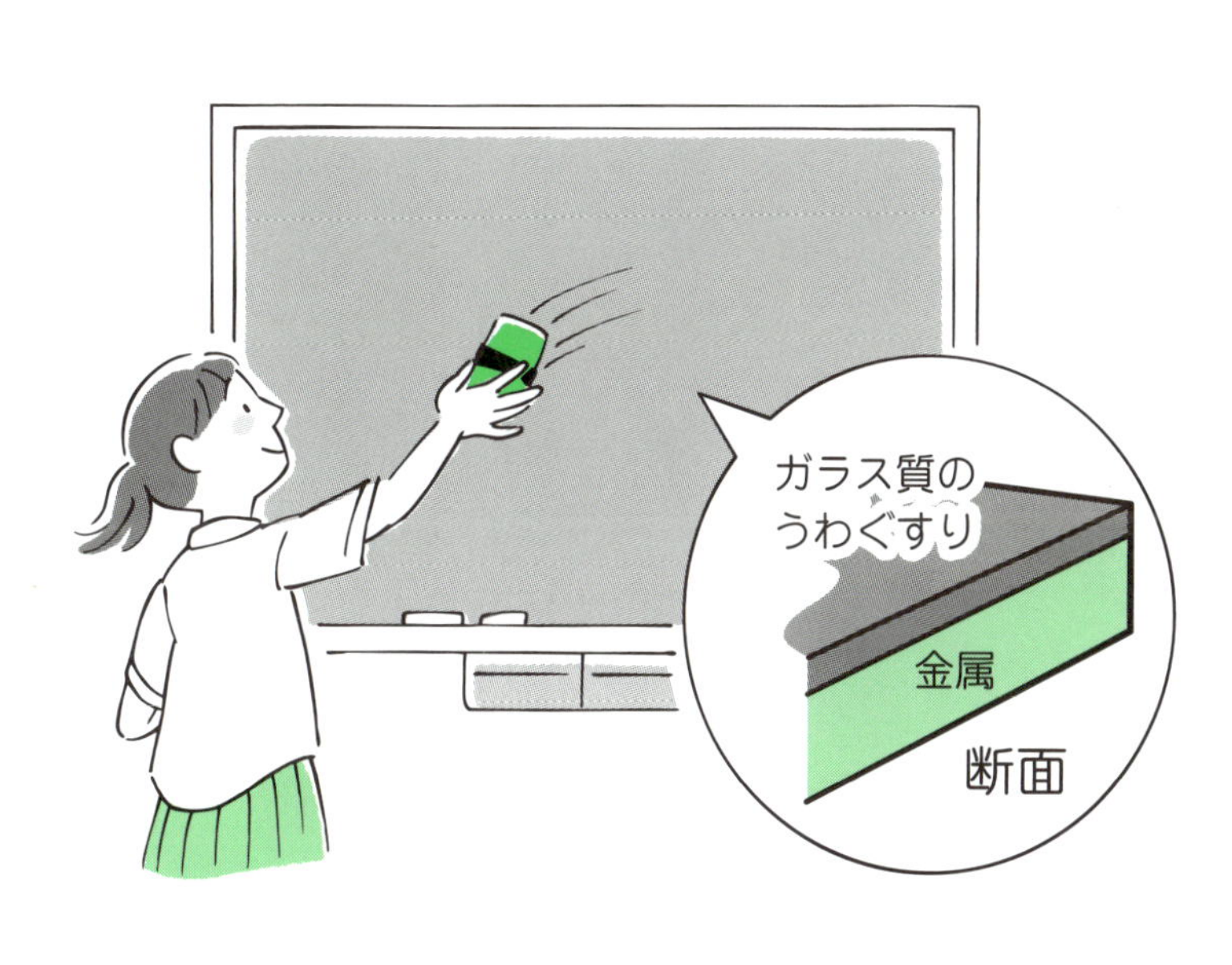

ここへチョークをこすりつけると、粉が表面にくっつきます。表面にくっついているだけなので、黒板消しで拭くとかんたんに取れますね。

また、黒板の本体は鉄板でできているので、磁石をくっつけることができます。

このように、見やすい、書きやすくて消しやすい、磁石がくっつくといった特徴があるため、学校教育が変化していく中でも愛され続けているのでしょう。

現在の黒板はホーローでできています

消しゴムで字を消せるのはなぜ？

鉛筆の芯は、**炭素などの小さな粒**（原子）の集まりです。

炭素の粒は、何層もの薄い層を作っています。これを紙の表面にこすりつけると、一層ずつ剥がれていき、紙にくっつきます。

鉛筆で紙に何かを書くときには、このようなことが起こっています。

紙にくっついた炭素の層は、かんたんには紙から離れません。ですので、鉛筆で書いたものは長期間保存することができます。

しかし、消しゴムでこするとかんたんに消すことができます。

それは、**炭素の粒は紙よりも消しゴムとより強く結びつく**からです。

炭素の粒がついた紙の表面を消しゴムでこすると、紙は白い状態に戻ります。同時に、消しゴムの表面は黒くなります。

このように、紙と消しゴムで炭素の粒

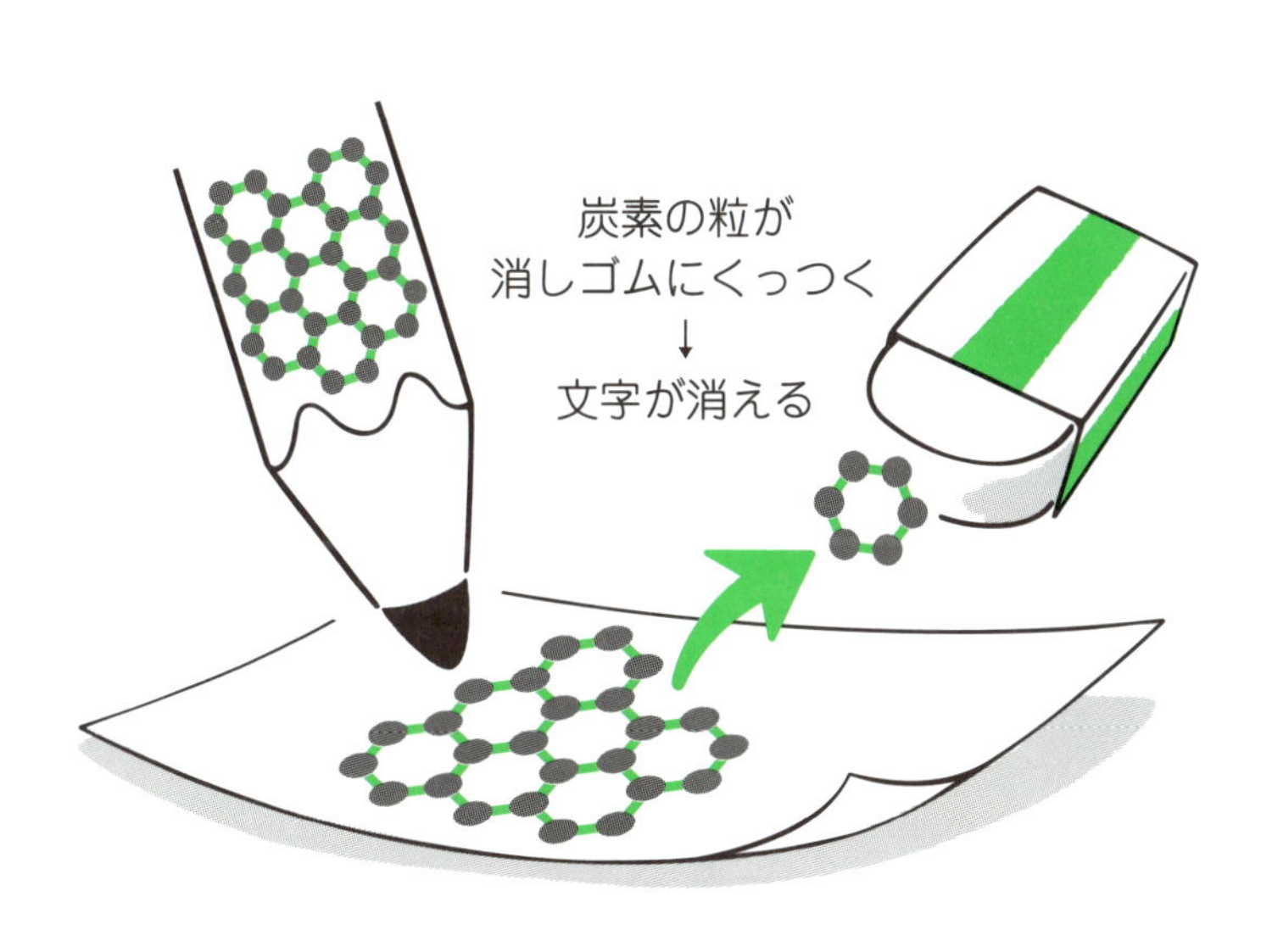
炭素の粒が
消しゴムにくっつく
↓
文字が消える

とのくっつきやすさが違うことが、一度書いても消せるという便利さを実現させているのです。

なお、ボールペンやサインペンで紙に何かを書くと、インクが紙の表面だけでなく中にまで染みこんでいきます。**染みこんでしまったインクは消しゴムでこすっても取れない**ため、ボールペンやサインペンの字を消しゴムで消すことはできないのです。

消しゴムが紙の表面にある炭素の粒をくっつけるので文字が消えるのです

ものに関する疑問

のりやボンドでものがくっつくのはなぜ？

接着剤やのりにはいくつもの種類があり、接着するしくみも違います。ここでは、代表的なものを紹介します。

●木工用ボンド

ものの表面には、**目に見えない小さな凹凸**があります。

2つの表面の間にボンドがはさまれると、表面の**凹凸の小さな穴の中にボンドの成分が入りこみます**。そして、時間がたつとボンドは固まります。固まったボンドは穴から出られなくなります。そのため、2つの表面が離れられなくなるのです。

このしくみから、ツルツルしたものには不向きなことがわかります。

●瞬間接着剤

接着剤は、接着剤と接着したいものとの間にはたらく引力を利用します。

接着剤

分子間力がはたらく

接着剤も、接着したいものも分子という小さな粒の集まりです。

そして、分子と分子の間には、**「分子間力」**という引きつけあう力がはたらくのです。

接着したいものの表面に接着剤を塗ると、**接着したいものの分子と接着剤の分子とがひきつけあいます**。

この引力によって、接着剤は2つの面を接着することができるのです。

小さな世界で起こる現象がものどうしをくっつけているのです

お風呂に入ると身体に泡がつくのはなぜ？

質問者と同じし験をしたことがある人は多いと思います。

炭酸風呂に入ったわけでもないのに入浴すると身体に泡がついてくる、というのはたしかに不思議です。

あの泡はどこから来たのでしょう？

じつは、身体に泡がつきやすいのは一番風呂に入ったときです。つまり、この**泡の秘密は、誰も入っていないお湯の中にある**のです。

水の中には、微量ですが空気が溶けこんでいます。溶ける量は水温によって違い、水温が上がるほど減っていきます。

ですので、お風呂をわかしながら水温が上がっていくと、溶けきれなくなった空気が逃げていくのです。

ただし、お風呂ではふつう、少しずつ温度が上がっていきます。少しずつ水温が上がる場合、本来なら溶けきらない分

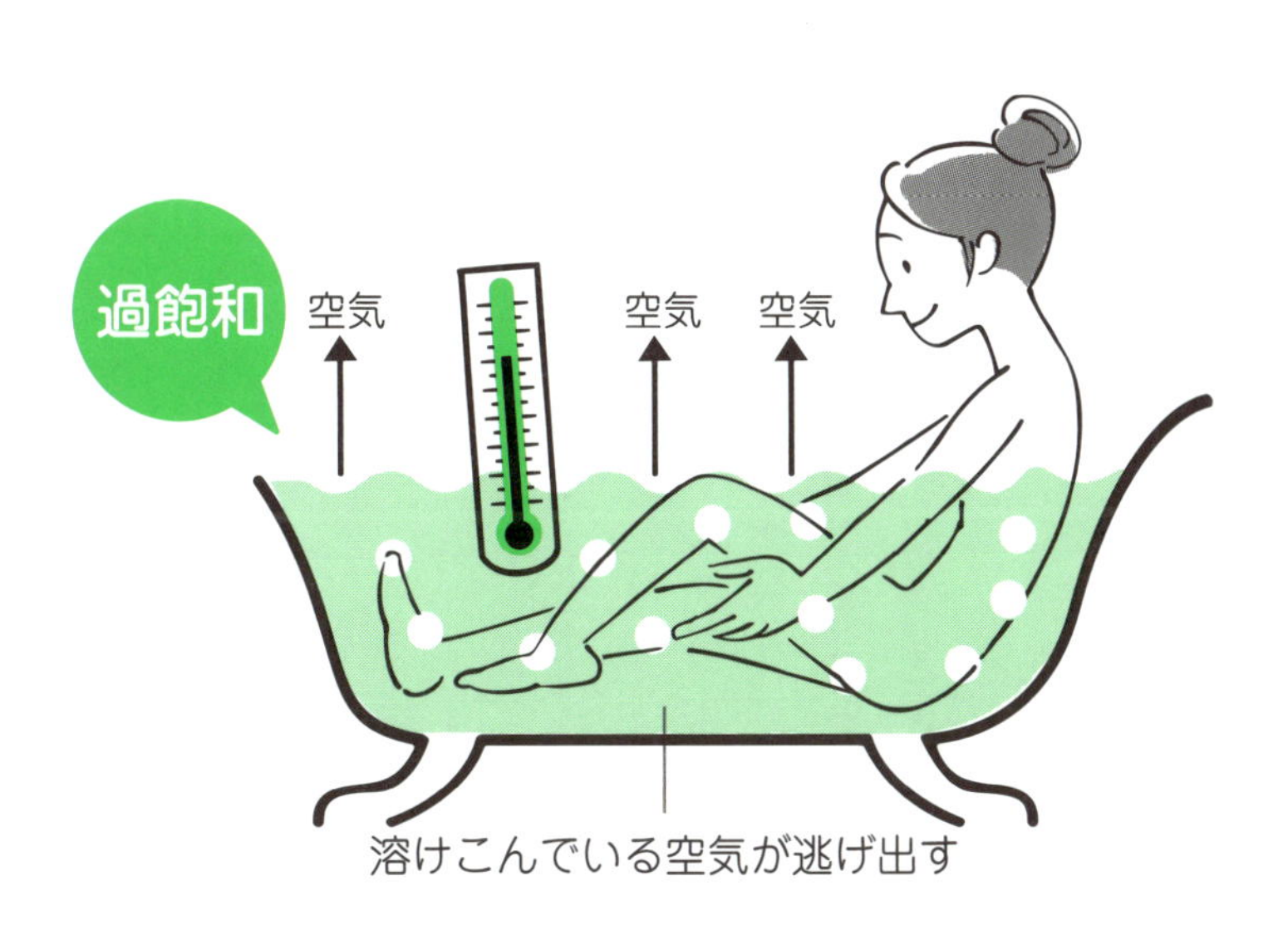

の空気も溶けたままの状態になりやすくなります。

これは「**過飽和**」と呼ばれる、**非常に不安定な状態**です。状態が不安定なため、ちょっとした刺激が加わることで、本来以上に溶けている空気は大気中に逃げていってしまいます。

「人が入浴する」と、そのことが刺激となってお湯の中から空気が逃げ出します。そして、その気泡が身体につくのです。

お湯から逃げ出したかった空気が身体につくのです

アスファルトとコンクリートはどちらの方が硬い？

アスファルトは、石油を蒸留という方法によっていろいろな成分に分けるときに出てくる物質です。つまり、石油の中に含まれている1つの成分です。

アスファルトは石油の成分なので、基本的に油です。道路の舗装などで使うときは、アスファルトを砂や砂利と混ぜて固めています。

コンクリートは、小石にセメントと水を混ぜて固めたもののことです。

コンクリートに必要なセメントは、石灰石をもとに作られます。石灰石は、日本各地に点在する鉱山を爆薬で破壊して採掘します。そして、それを粉砕し、１４５０℃ほどの高温で焼き上げます。これを細かく粉砕すると、セメントができます。セメントは粉末ですが、水を加えると固まります。

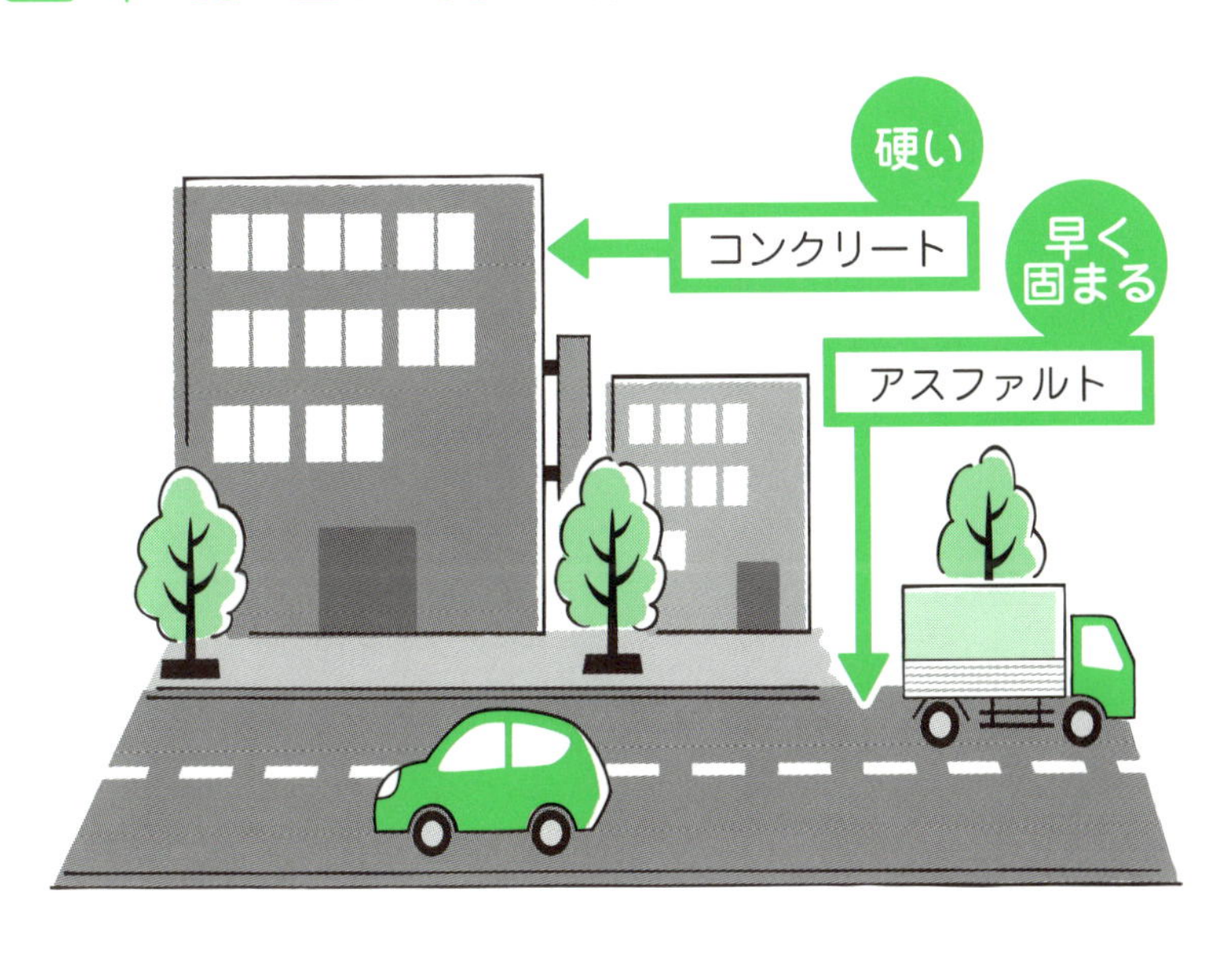

アスファルトとコンクリートを比べると、**コンクリートの方が硬い**です。とても頑丈なので、建物や重い航空機の滑走路などいろいろなところに使われています。

ただし、コンクリートには固まるまでに時間がかかるというデメリットがあります。それを補うのがアスファルトです。アスファルトは短時間で固まるので、道路の舗装をしてもすぐに通れるようになるのです。

コンクリートの方がアスファルトよりも硬くできています

どうして樹木は高く育つの？

私たち人間よりずっと背の高い樹木はたくさんあります。世界には、100メートルを超える樹木もあるそうです。

そして、それらの樹木はものすごく太いというわけではありません。細い体で100メートルもの高さを支えているのです。それだけ、樹木は頑丈にできているということです。

このようなことが可能なのは植物だけです。動物では不可能です。

その理由は、**動物と植物の細胞の違い**にあります。

動物の身体も植物の身体も、細胞という生命の最小単位がたくさん集まってできています。

たとえば、1人の人間の身体は37兆個ほどの細胞からできているといわれています。

動物の細胞の場合、その周りは細胞膜という膜で覆われているだけです。その

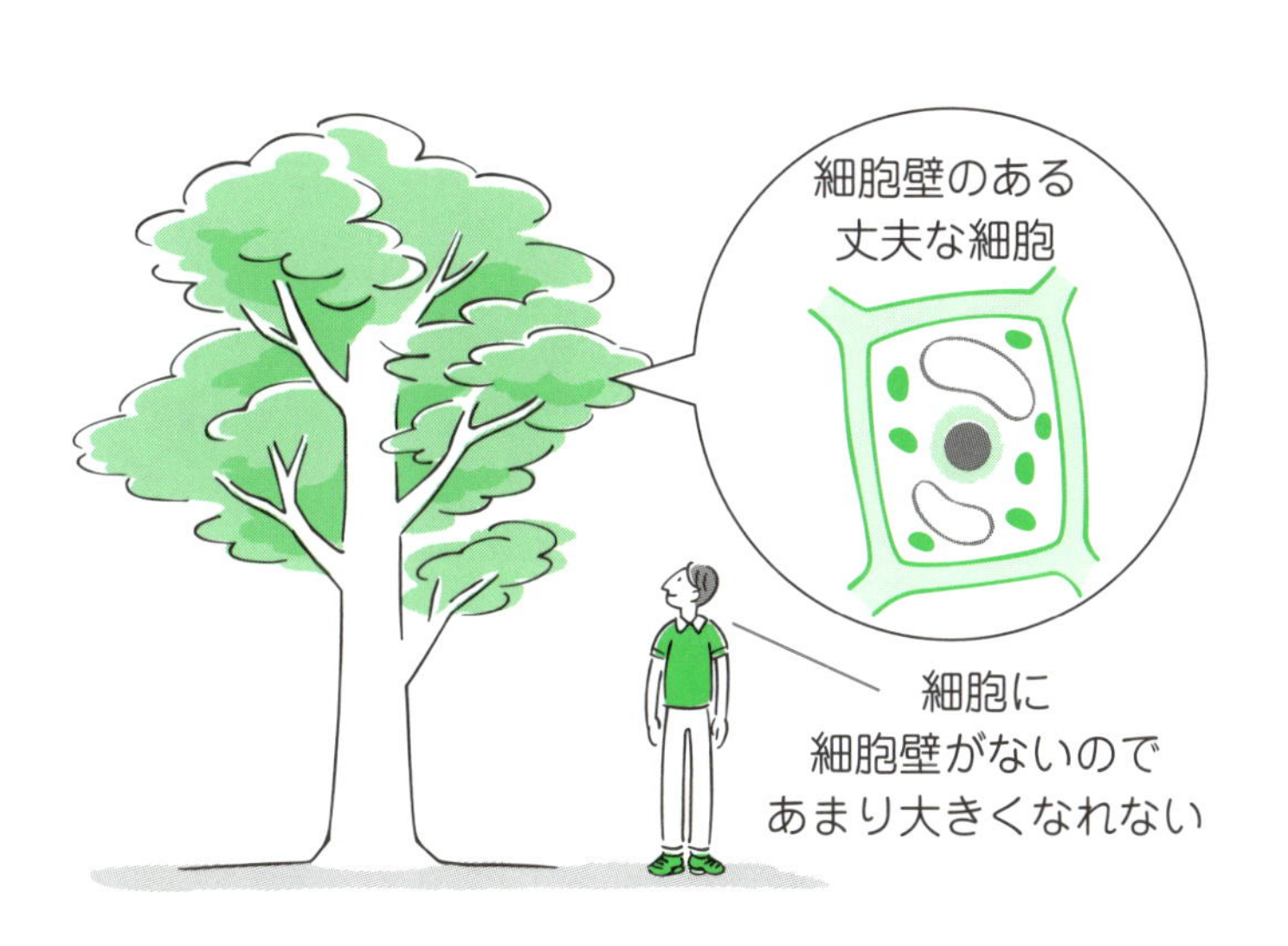

ため、丈夫ではありません。

それに対して、**植物の細胞では、細胞膜の外側が細胞壁という丈夫な壁で覆われています**。細胞壁があるおかげで、植物のひとつひとつの細胞は頑丈に保たれているのです。

このおかげで、100メートルもの高さにまで、倒れることなく成長することができるのですね。

植物の細胞には
細胞壁があるため、
樹木は高く育つことが
できるのです

木が初めて生えたのはいつ？

地球上の生物は、動物も植物も含めて最初は海の中に誕生しました。

最初に現れた生物は細菌のような小さなもので、38億年ほど昔に出現しました。

それから10億年ほど後に、**光合成**をおこなうことができる植物が現れました。

最初の植物は根もなく、海の中をただようようなものでした。

植物はやがて昆布のようなものに進化し、さらに進化すると陸上でも暮らせるようになりました。陸上へ進出したのは、およそ5億年前だといわれています。

陸上に現れた最初の植物は、キノコやツクシ、シダのような植物でした。

特にシダの仲間は背の高いものに進化し、陸はシダの森で覆われるようになりました。今から3・6億～3億年くらい前のことです。

花が咲き、実がなり、種ができる植物

も、この時代に現れました。このころから「樹木」と呼ばれる植物が現れてきたわけです。

そして、恐竜が繁栄した2億年前頃には、ソテツやイチョウなどの樹木も多くなっていったようです。

中には数千年も生きている樹木もありますが、普通の樹木の寿命は数十年です。地上に樹木が誕生してから、樹木は世代交代を繰り返しているのです。

樹木が誕生したのは、今からおよそ2~3億年前です

なぜ森の中の空気はきれいなの？

森林の中の空気はとてもきれいで、いやされますよね。

でも、どうして空気がきれいになっているのでしょう？

ひとつは、**森林の光合成**(こうごうせい)が関係しています。

光合成によって、街中(まちなか)より二酸化炭素(にさんかたんそ)が薄くなっています。私たちは二酸化炭素が濃い空気よりも酸素が濃い空気の方が「おいしい」と感じやすいようです。

また、森林の中は湿気(しっけ)が多く、風もおさまっています。

すると、**空気中にただよっていたチリやホコリが水分に取りこまれて地面に落ちていきます**。そのため、空気がきれいになるのです。

さらに、そもそも森林は街中から離(はな)れていることが多いので、**自動車、工場、家庭などから出される汚(よご)れた空気があま**

りないということもあります。

以上のような理由で森林の空気はきれいになっているのですが、植物は人が吸うと気持ちが安らぐような成分も出しているそうです。

森林浴をすると、単にきれいな空気を吸う以上のいやし効果があるのかもしれませんね。

街から離れた森の中では植物の光合成や湿気がきれいな空気を作ってくれています

植物はどうして秋になると紅葉するの？

もともとの葉が緑色に見えるのは、葉の中に**クロロフィル**という色素があるからです。

日ざしが強い夏は、葉は活発に**光合成**をします。その栄養分で植物は成長し、生きていくことができます。

しかし秋になると、光合成の量が減り、葉が生み出すエネルギーより、葉を維持するのに必要なエネルギーの方が多くなります。

こうなると、葉はお荷物になってしまうため、植物は葉を落とします。このとき、葉から栄養分を回収しますが、クロロフィルも分解されて回収されます。すると、葉は黄色の色素が目立つようになります。

また、クロロフィルが分解される過程では、植物にとって有害な物質が発生することがあります。そこで、有害物質の発生を防ぐために、植物は**アントシアニ**

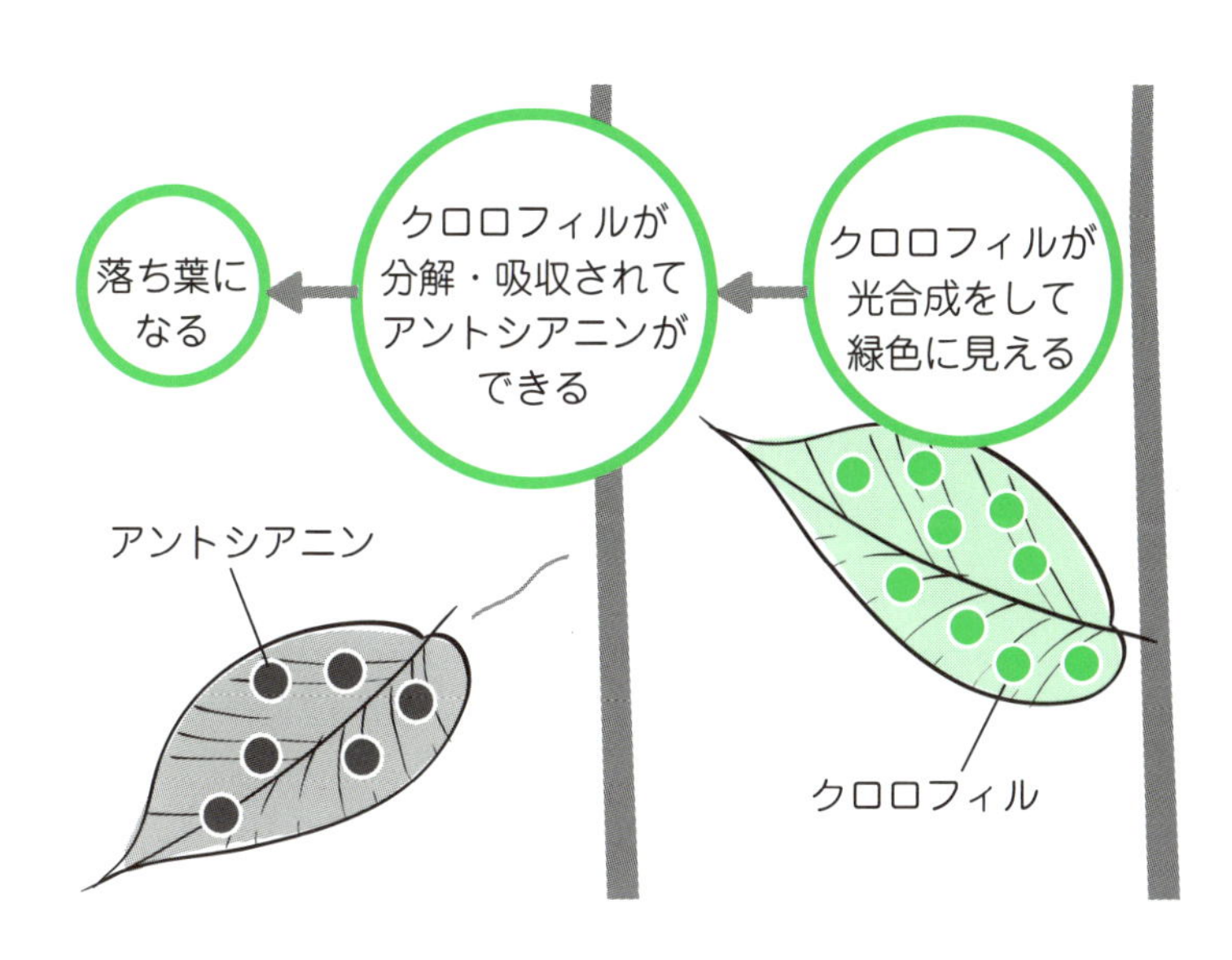

ンという色素を作っていると考えられています。

アントシアニンには、青色の光を吸収(きゅうしゅう)するはたらきがあります。そのため、赤く見えます。**太陽光から青い光だけを吸収すると、赤色の光になる**のです。

ただし、じつは**この考え方が正しいかどうかは、はっきりとはしていないようです**。

植物には、まだまだ私たちに分からない不思議があふれているのですね。

葉の中にある
色素の交代によって
葉の色は変わるのです

もう少し考えてみよう

最初の鉛筆は黒鉛の棒だった

80ページでは、鉛筆で書いたものを消しゴムで消せるしくみを説明しました。

鉛筆が使われはじめたのは、16世紀のことだそうです。初期の鉛筆は、イギリスの山で発見された黒鉛を棒状にしてそのまま使うというものでした。

その後、1795年にフランスのコンテという人が、黒鉛と粘土を混合することで鉛筆を作る方法を発明しました。混合の割合を変えることで、堅さや濃さを調節できるようになったのです。

鉛筆で書いたものを消す手段としては、最初はパンが使われていたそうです。

しかし18世紀に入ると、イギリスの化学者プリーストリーが天然ゴムで消せることを発見しました。そして、1772年にイギリスで世界初の消しゴムが販売されたのです。

3章

地球と宇宙に関する疑問

なぜ地球は丸いの？

地球にかぎらず、ほとんどの星は丸い形をしています。なぜでしょう？

いきなり星という大きなスケールで考えるのは難しいので、まずは身近な例で考えてみましょう。

砂場へ行って、砂で山を作ったとします。すると、しばらくは山の形を保つでしょうが、風が吹いたり雨が降ったりすれば、**すぐに形が崩れてしまいます**ね。

そして、最終的には平らになってしまうでしょう。

山の形が平らになる、これが自然な流れです。

平らな砂が山の形になるというのは自然な流れではなく、人工的に作るとか、火山の噴火が起こるといったことが必要です。

どうして山が平らになるのが自然なのかというと、**地球の上では重力が働いて**

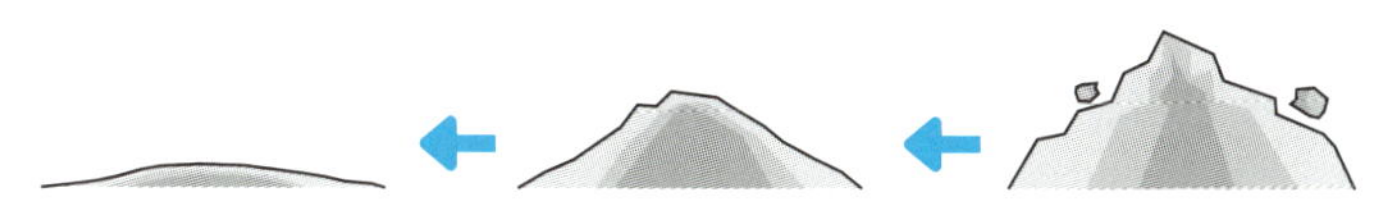

山が崩れて平らになるのは自然な流れ

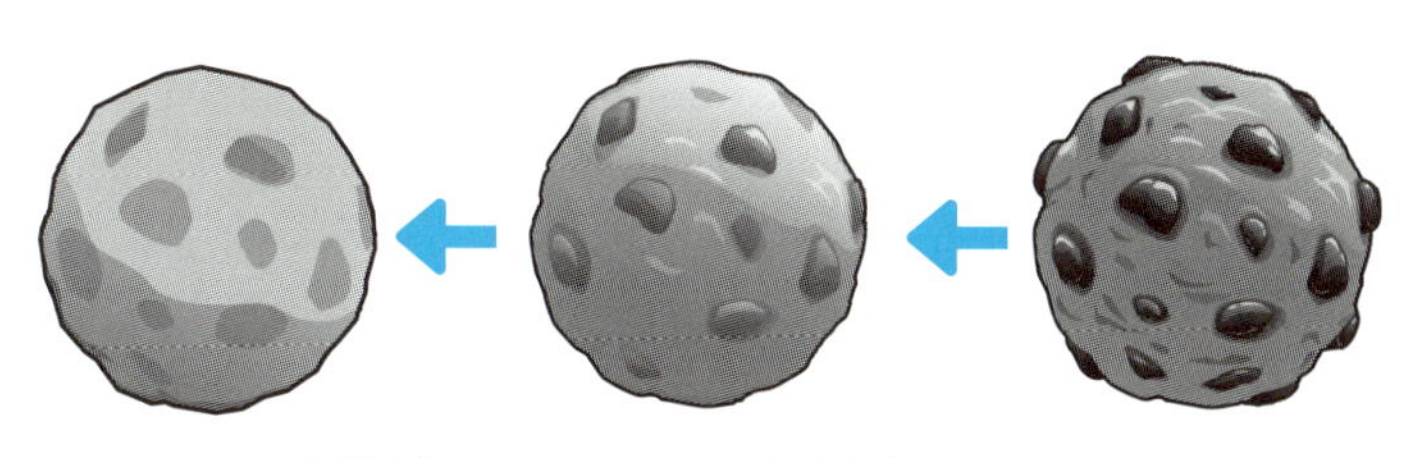

時間がたつにつれて地球全体は丸くなる

いるからです。
重力に従えば山は崩れて平らになります。逆に、平らな砂が山になるとしたら、そのときには重力に逆らう必要があるのです。

小さなスケールで考えてきましたが、このようなことは地球上のあちこちで起こります。

その結果、長い年月をかけて地球は全体として丸くなってきたのです。

どんな星も重力のために丸くなっていくのです

地球の中はどうなっているの？

地球の内部は左の図のようになっていると考えられています。

地球の中心部には**大量の鉄**があると考えられていて、地球の全質量の3分の1が鉄だと推定されています。

鉄は金属なので電流を流すことができ、この電流が地球を巨大な磁石にしています。これが、方位磁針がいつも同じ方向を向く原因です。

以上のことを、もう少し正確に説明します。

地球に磁場が生じていることは、地球内部が金属でできていることの証拠になっています。

というのは、地球内部が金属でできているということは、人間が実際に観測して確かめたことではありません。

人間が今までに掘り深めることができたのは、約10キロメートルだけなのです。

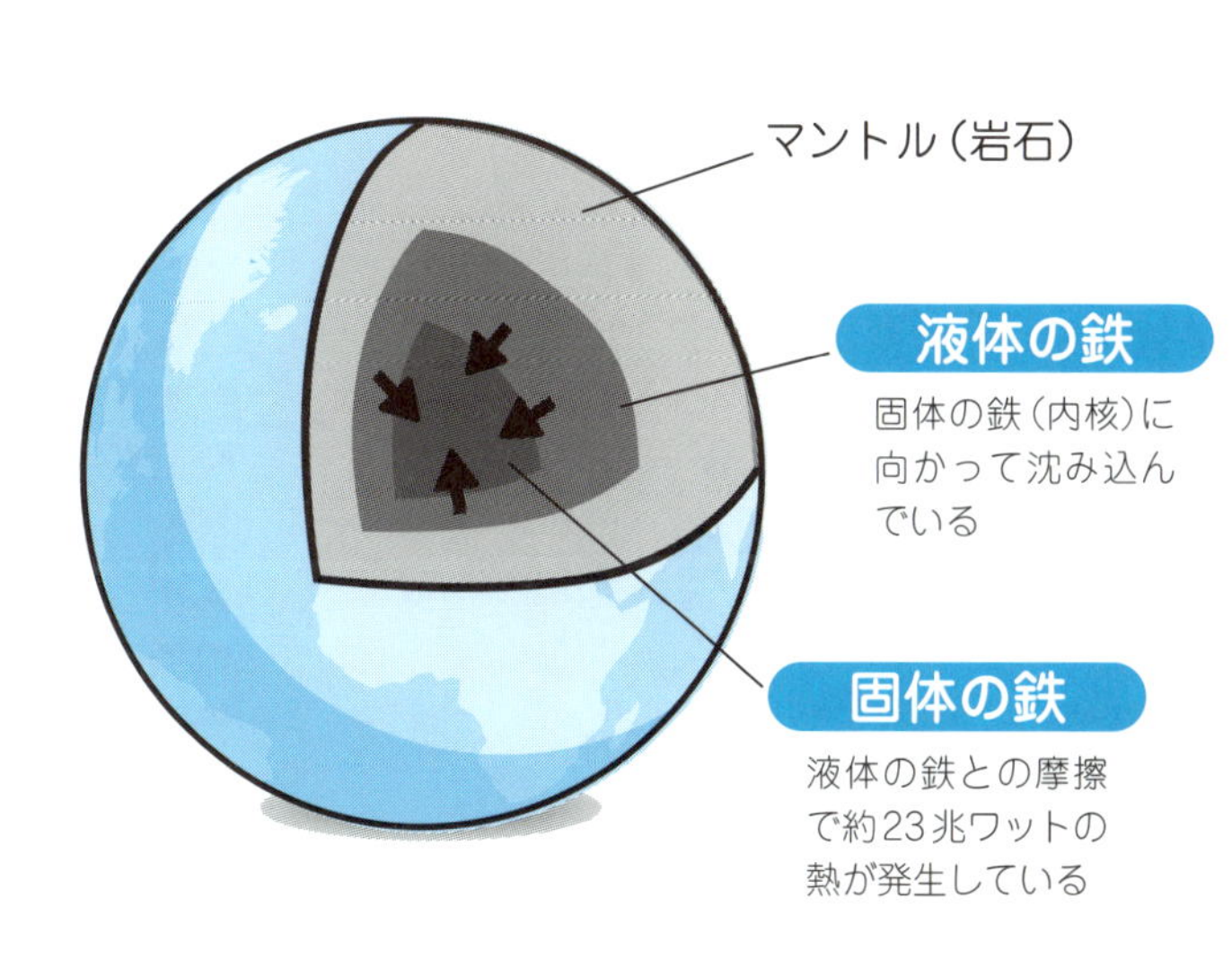
マントル（岩石）
液体の鉄
固体の鉄（内核）に向かって沈み込んでいる
固体の鉄
液体の鉄との摩擦で約23兆ワットの熱が発生している

地球の半径は約6400キロメートルですから、1％も掘り進められていないことが分かります。

長いこと人間が暮らしてきた地球ですが、その内部は人間にとってまだまだ未知の世界なのです。

なお、図のように、地球内部では熱が発生し続けています。そのため、宇宙空間へ熱が逃げだしていても地球の温度が保たれているのです。

地球の中には鉄などの金属があると考えられています

地球はどのくらいの速さで回っているの？

地球は自分でクルクル回る「**自転**」と太陽の周りを回る「**公転**」をしているので、この両方を考えてみたいと思います。

地球が自転や公転をしているのは、地球がたくさんの隕石が衝突して合体しながらできあがった星だからです。

隕石はものすごい勢いで飛んできますので、それが衝突することで回転のエネルギーが生まれます。

それが積もり積もって、現在のように

地球は自転と公転をしているのです。

まずは自転について考えます。

地球は、1日で1周しています。1周するときに動く距離は地球上の位置によって違うのですが、一番長いのは赤道上です。

赤道の長さ4万キロメートルから計算すると、地球は**1秒で500メートル近く回っている**ことになります。

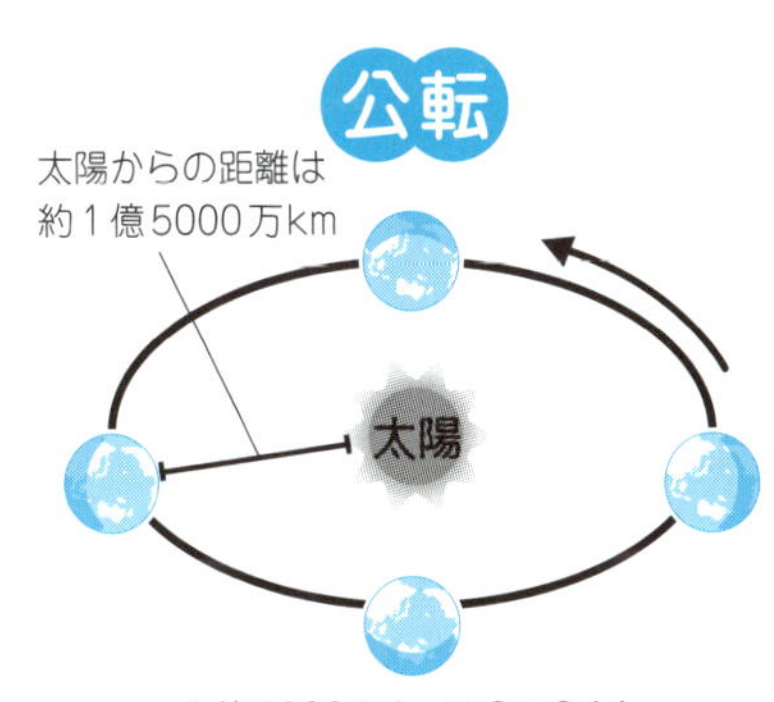

1億5000万km×2×3.14＝
約9億4200万km

$$\frac{\text{9億4200万km}}{\text{365日}\times\text{24時間}\times\text{60分}\times\text{60秒}}$$

＝秒速約30km

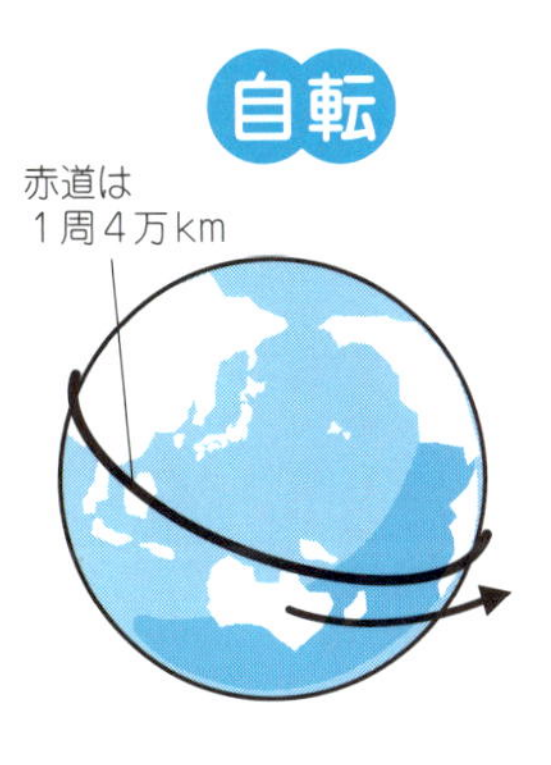

$$\frac{\text{4万km}}{\text{24時間}\times\text{60分}\times\text{60秒}}$$

＝秒速約0.46km

次に公転について考えます。

公転1周の距離は約9億4200万キロメートルです。これを1年かけて移動するので、この距離を1年の秒数で割った数字が地球の公転の速さになります。計算すると、**地球の公転は秒速約30キロメートル**と求められます。

地球は1秒に30キロメートルも移動しているのですね。

地球は
自転が秒速500メートル、
公転は秒速30キロメートルで
回っています

地球は回っているのに、なぜ私たちはそれを感じないの？

地球が高速で回っていることは前のページで説明した通りですが、どうして高速で回っている地球の上にいるのに、私たちはそれを感じないのでしょうか。

まずは、身近な電車の動きで考えてみます。

乗っている電車が出発するとき、私たちは電車が徐々(じょじょ)に速くなっていくのを感じることができます。

もし急発進をしたら、身体(からだ)が大きく揺(ゆ)れるでしょう。

また、電車が停止するときにも、そのことを身体で感じられます。

しかし、電車が一定の速さでまっすぐ走っているようなときには、電車が走っていることを感じません。

身体が何も感じないので、もしも窓(まど)がなく周囲が一切見えなかったとしたら、駅で停車しているときと区別がつかない

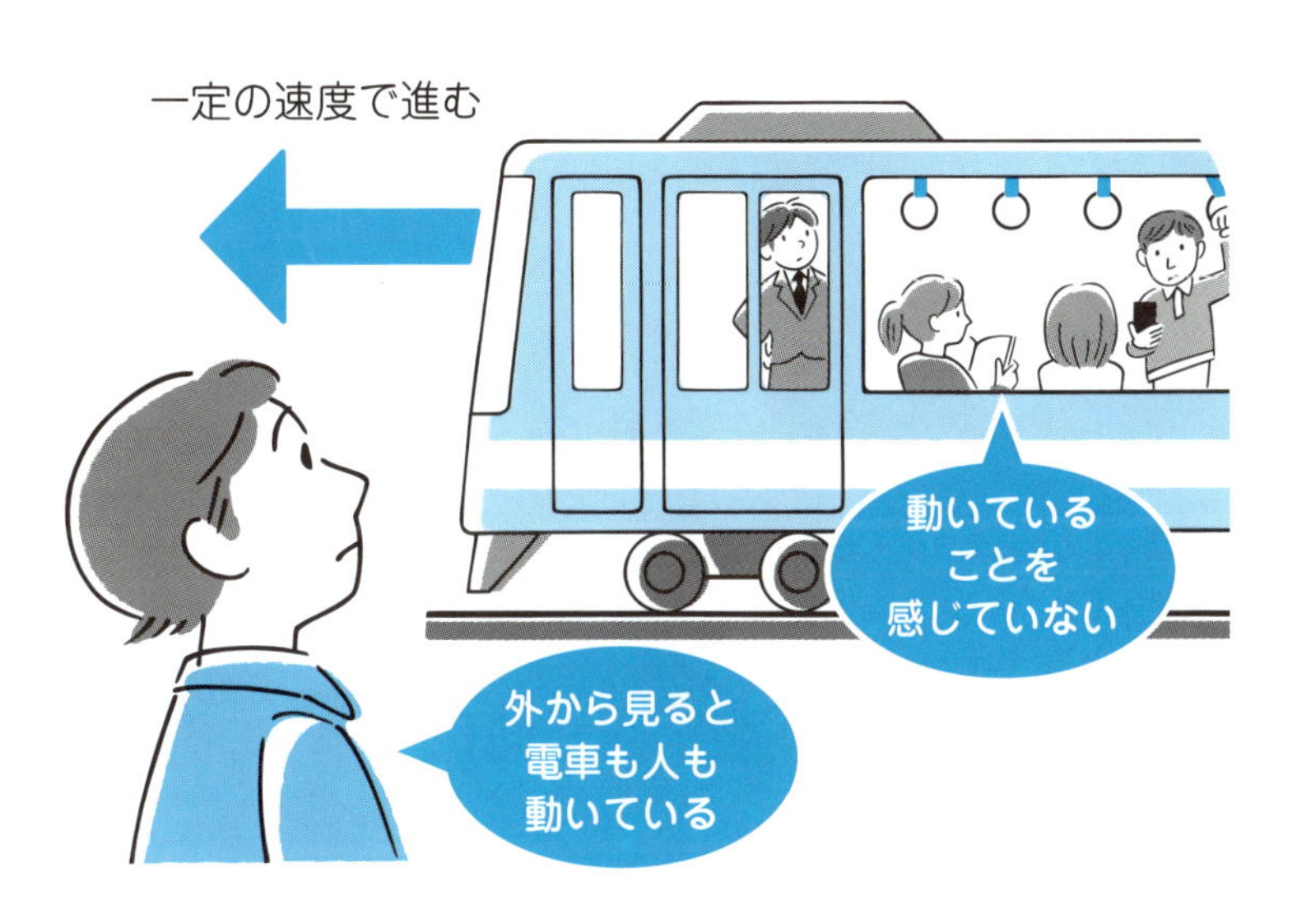
一定の速度で進む
動いている
ことを
感じていない
外から見ると
電車も人も
動いている

かもしれません。

地球を巨大な電車だと考えると、「私たちはどうして地球が回っていることを感じないのか？」が理解できると思います。

私たちは、**地球という高速で宇宙空間を移動する巨大な乗り物**に乗っています。

そして、地球という乗り物は一定の速さで宇宙空間を回り続けています。だから、その上に乗っている私たちの身体は、地球が止まっているのと同じように感じるのです。

ここまで、直感的に理解しやすい説明をしました。

しかし、じつは正確な説明ではありません。

というのは、本当は私たちは**「地球が回っていることを遠心力という力で感じている」**からです。

地球は一定の速さではあるけれども、回っています。

つまり、**まっすぐ進んでいるわけではない**のです。

電車が一定の速さでまっすぐに走っていれば、乗っている人は何も感じません。しかし、一定の速さであっても、曲がっているときには、体はそのことを感じるのです。これは、遠心力がはたらくためです。

乗り物に乗っているときに、外側へ飛ばされそうになる力を感じることがありますね。

これは、乗り物が速くなったり遅くなったりするときでなく、**速さは一定でも進む向きが変わるときに感じる力**です。

これが遠心力です。

急カーブなど、進む向きが大きく変わるときほど遠心力は大きくなります。また、乗り物が速く動いているときほど遠心力は大きくなります。

地球という回転する乗り物に乗っている私たちは、つねに遠心力を受けています。しかし、それは**地球から受ける重力に比べてずっと小さい**のです。

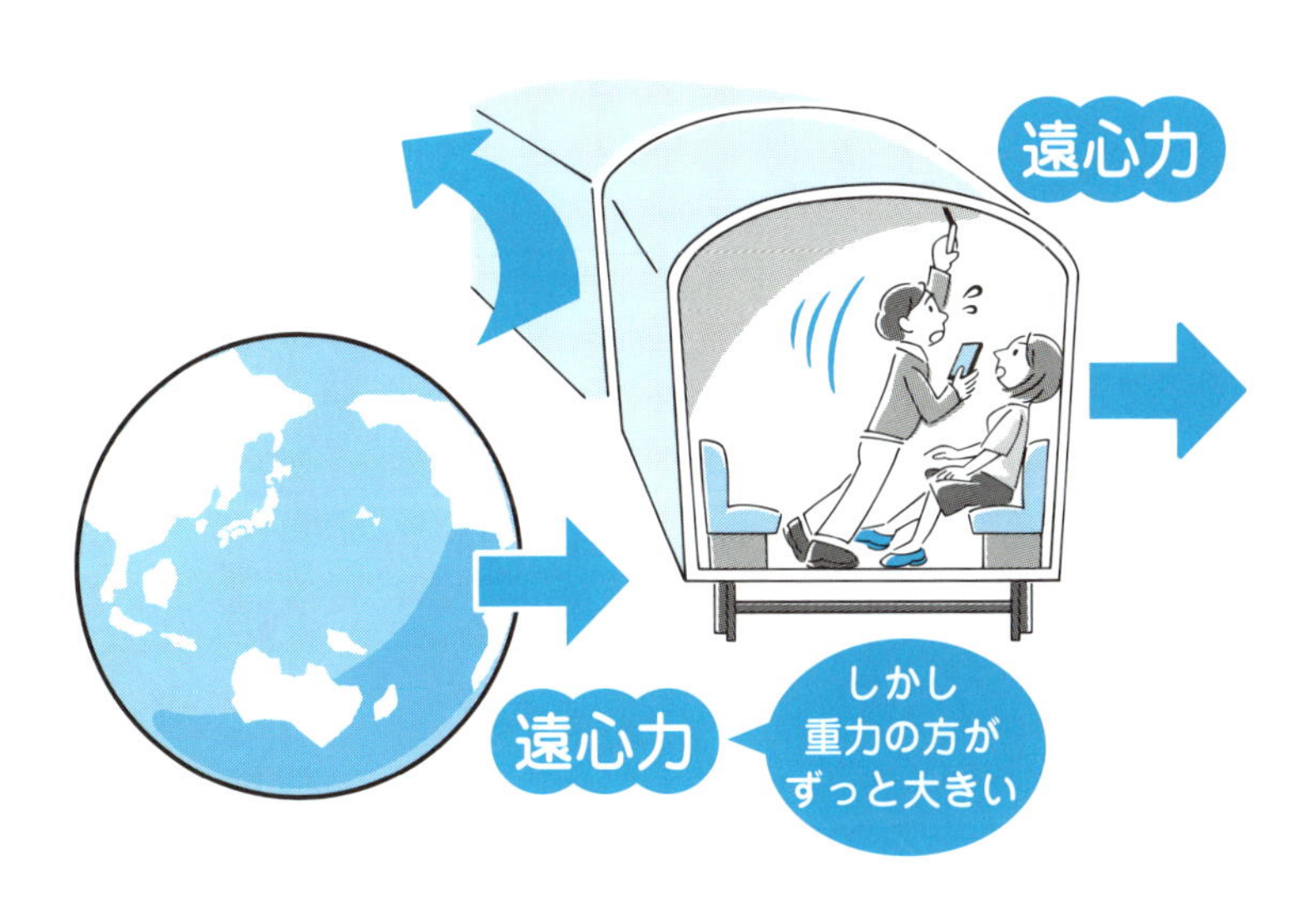

地上で遠心力が最大になるのは赤道上です。そこであっても、遠心力の大きさは重力の300分の1くらいにすぎません。

　このように、私たちは遠心力を受けているのですが、それに気がつかず、地球が回っていることにも気がついていないのですね。

私たちは本当は遠心力を
感じているのですが、
弱すぎて
気がつかないのです

地球に関する疑問

地球上の生命はどうやって誕生したの？

地球は今からおよそ46億年前に誕生しましたが、そのときには生命はいなかったと考えられています。

地球上に初めて生命が誕生したのは、およそ38億年前であったことが分かっています。

つまり、最初の8億年ほどの間、地球に生命は存在しなかったのです。

生き物が何もいないところに、とつぜん生き物が誕生するというのはとても不思議な気がします。

しかし、そういうことがなければ、現在も地球上に生命は存在しないはずです。

一体、どのようにして生命は誕生したのでしょう。

じつは、**われわれ人類はこの謎をはっきりと解明できているわけではありません**。おそらくこうだったのではないか、

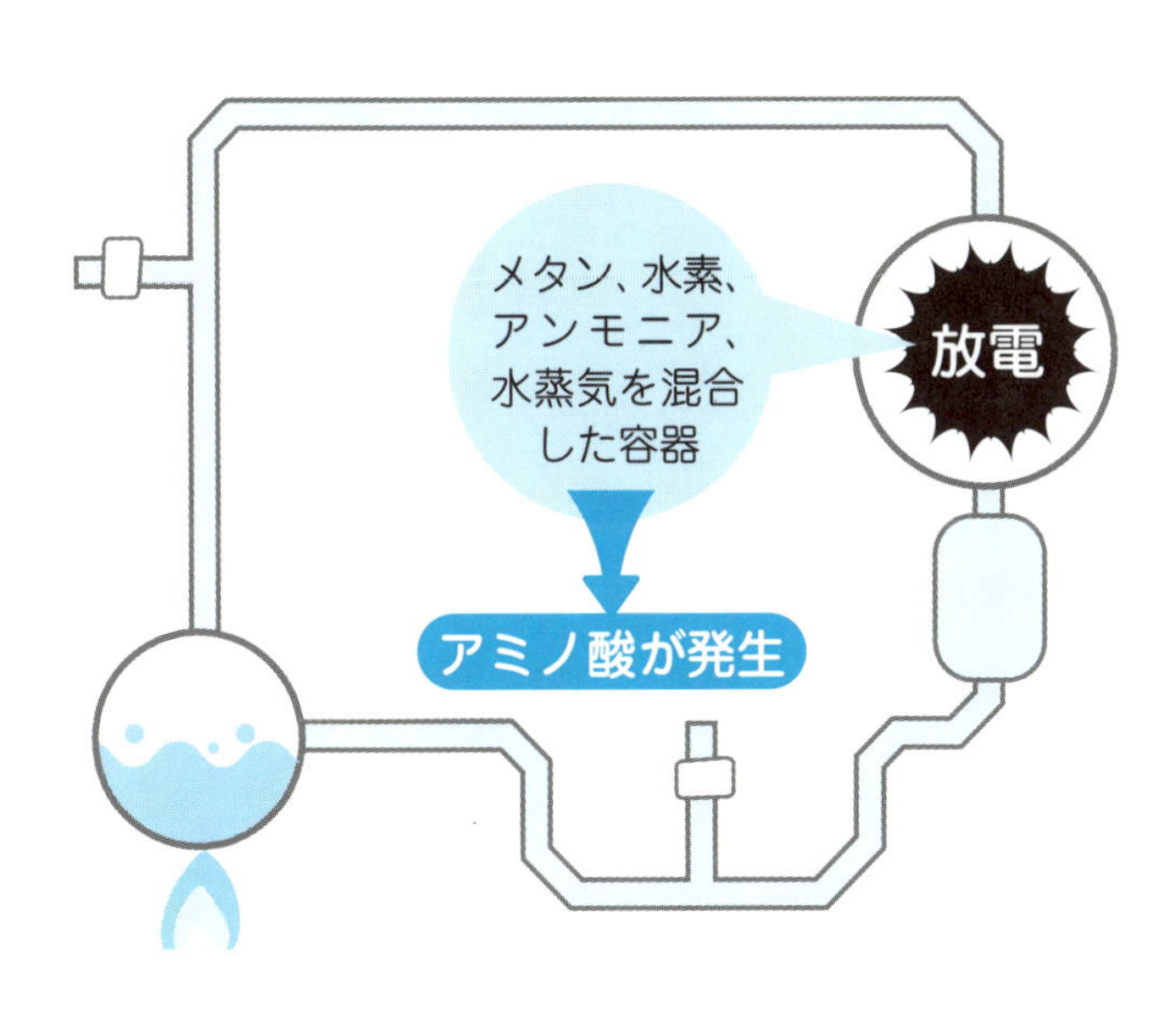

という仮説があるにすぎません。
以下、2つの有力な仮説を紹介します。

1つめの仮説は、ある実験に基づいたものです。

1953年に、アメリカのシカゴ大学のユーリーとミラーは、上の図のような実験に成功しました。

メタン、水素、アンモニア、水蒸気を混合した容器の中で、6万ボルトという高い電圧で放電をおこなうと、**アミノ酸**が発生した、というものです。

メタン、水素、アンモニア、水蒸気などの気体は、生命が誕生する前から地球に存在していたと考えられています。それらを材料として、高電圧の雷がきっかけとなってアミノ酸が作られたのではないか？　――ユーリーとミラーによる実験の結果は、過去の地球でそのようなことがあったことを想像させます。

アミノ酸は、私たちの身体の中にもたくさん含まれている、**生命の源**です。アミノ酸が作られたことで、地上に生命が誕生したのではないかと考えられているのです。

なお、雷ではなくたとえば隕石が衝突するエネルギーによっても、アミノ酸は生まれることが分かっています。

いずれにしても、**初期の地球に存在した物質を材料として、そこに巨大なエネルギーが加わることで生命の源が誕生したのではないか、という仮説**なのです。

もう1つの有力な仮説は、**地球へやってきた隕石に生命の源が宿っていたのではないか**というものです。

実際に、地上に落下した隕石にどのような成分が含まれているのか、研究がおこなわれています。

そして、その中に微量ながらアミノ酸が発見された例もあります。

宇宙は広大ですから、そこからやってくる隕石に生命の源があったとしてもおかしくはないでしょう。

生命誕生の謎は現在も未解明ですが、それを知るための努力をわれわれ人類は今も続けています。

隕石に
アミノ酸が
ついていた？
実際に
発見された
例もある

その例が、小惑星探査機「はやぶさ」「はやぶさ2」です。

小惑星の内部では、地球のように熱が発生していないので、誕生当時の成分がそのまま残っている可能性があります。そこに、アミノ酸など生命の源が見つかることも期待されているのです。

これからさらに研究が進むのが楽しみですね。

地球の生命誕生についてははっきりしておらず、いまも研究が続けられています

地球にある水はどこから来たの？

地球は、たくさんの隕石が衝突しながら合体を繰り返して形成されました。

誕生当初、地上に水はありませんでした。しかし、地球を作る岩石の中には水分が含まれていました。地球のもととなった隕石の中に水が含まれていたからです。

地球が誕生して以来、火山の爆発が何度も何度も起こりました。

そして、そのたびに岩石の中に含まれていた水分が空に噴き上げられていったのです。

ただし、地球が誕生した当初はものすごく高温だったため、水分は**水蒸気**になったり、**上空の雲**になったりしていて、地上に液体の水は存在しませんでした。

その後、地球誕生から7億年ほどたったころから、**地球の温度が下がりはじめました**。

そして、100℃以下になったときに

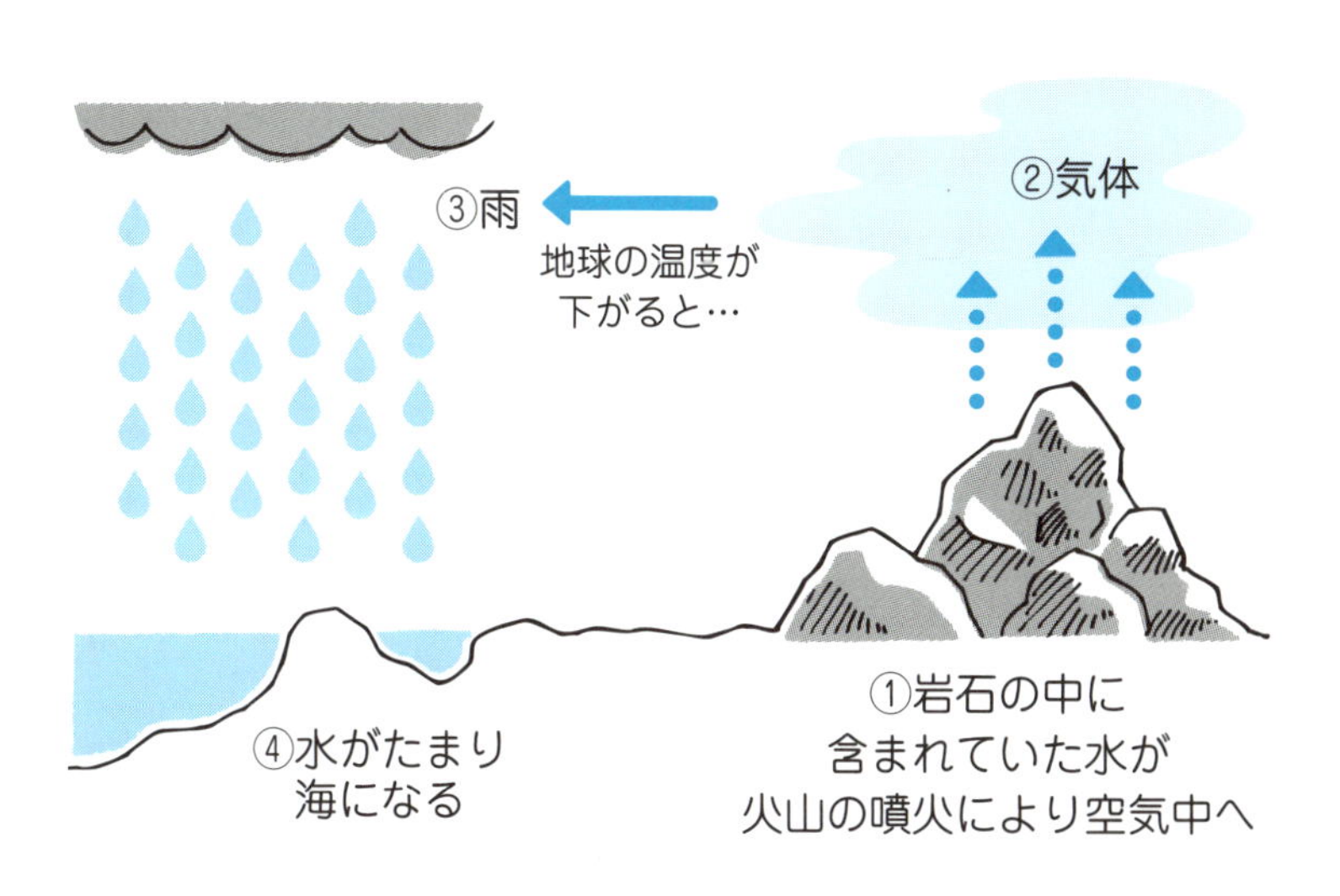

大量の雨が降りだしたのです。

ものすごい量の雨が降ったため、洪水（こうずい）が起こり、やがて地表のくぼみの部分に水がたまっていきました。

海は、このようにして誕生しました。

現在では、海は地上の7割を占めており、地球上の水のほとんど（97・4％）は海にあります。

初期の地球からは、すっかり様変（さまが）わりしたのですね。

海水に含まれる塩分はどこから発生しているの？

この疑問に答えるために、少しだけ地球の歴史をたどってみたいと思います。誕生したばかりの地球の表面は1500℃以上のマグマの海となっていました。

そして、大気中には水蒸気、炭酸ガス、窒素などが存在していました。つまり、まだ海がなく、液体の水は存在しませんでした。

液体の水が誕生したのは、その後に地球の温度が下がってからです。

地球の温度が下がったことで大気中の水蒸気が雨となり、地表にたまりました（前項参照）。

これが、海の誕生です。

このとき、大気中には火山から吹き出した**塩化水素**というガスが存在しました。

雨はこの塩化水素が溶けた「**塩酸**」と

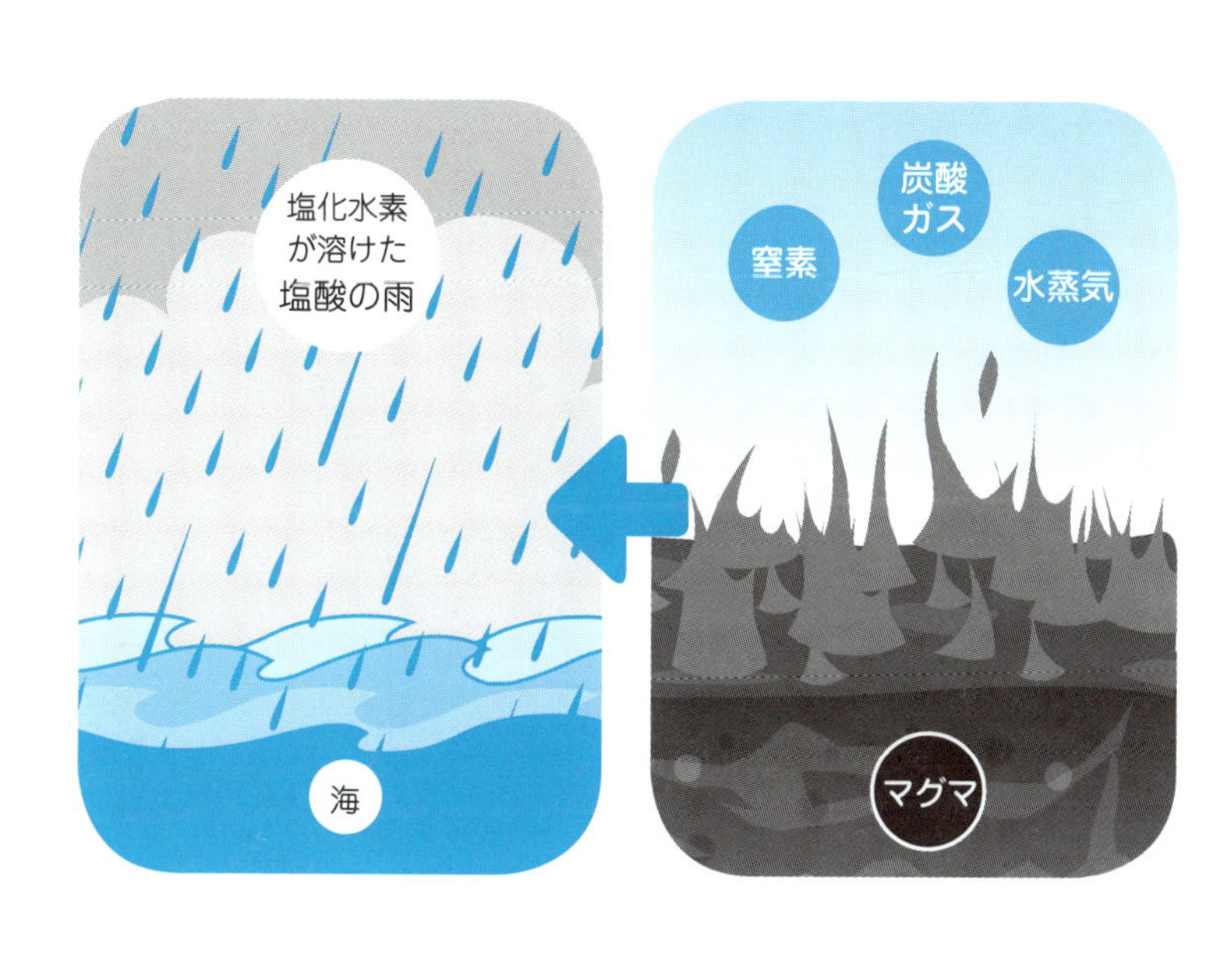

なって降りそそぎました。
　強い酸性である塩酸の雨は、地球上の鉱物からナトリウム、カルシウム、マグネシウム、鉄など多くの成分を溶かし出しました。
　そのため、海の中にナトリウム、カルシウムなどが存在するようになったのです。
　また、塩酸の中には塩素と水素が含まれていますので、これらも海の中に取り入れられました。

　このようにして、地球の海には多くのものが含まれるようになったのですが、そのうちの**ナトリウムと塩素でできているのが食塩**（塩化ナトリウム）です。正確には、食塩はナトリウムと塩素のイオンでできています。

ただし、海の中に溶けこんだのはナトリウムと塩素だけではありません。カルシウムやマグネシウムなど、他にも多くのものが溶けこみました。

それなのに、現在の海の中でダントツに多いのは食塩、すなわちナトリウムと塩素です。

どうしてそうなったのでしょう?

地球に海ができた後、海の中には大気中の炭酸ガスがたくさん溶けこみました。

炭酸ガスには、カルシウムやマグネシウムなどと結びついて、沈澱させるはたらきがあります。

そのため、海水中に溶けていたカルシウムやマグネシウムなどはどんどん沈殿していき、海水の中からは減っていきました。

ところが、ナトリウムは炭酸ガスと結びついて沈澱することはありません。じつは、イオンは組み合わせによって沈殿したりしなかったりと違いがあるのです。ナトリウムのイオンは炭酸ガス(炭酸イオン)との組み合わせでは沈殿しないため、ナトリウムは海の中にたくさん残っているのです。

なお、炭酸ガスとカルシウムが結びついてできるのが炭酸カルシウムです。そして、そのかたまりを石灰石といいます。

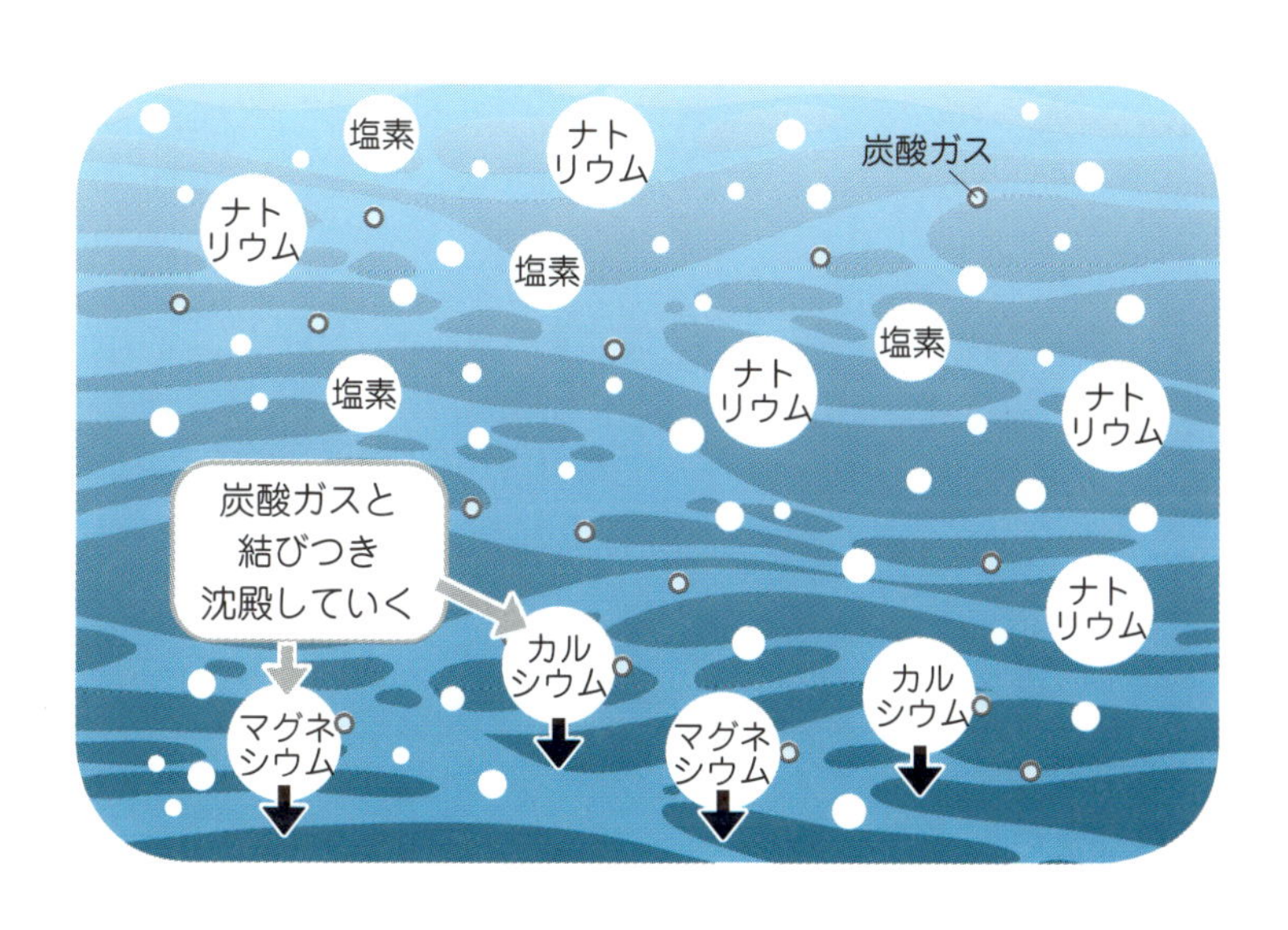

ガラスやセメントの原料として重宝されるる石灰石の多くは、海の中で作られたと考えられています。

このような歴史の中で、ナトリウムと塩素を多く含む現在の海ができあがったと考えられています。

海水がしょっぱいのには、必然性があったのです。

ナトリウムと塩素のイオンの組み合わせは沈殿しにくいので、いまも海中にあるのです

山はどのようにできたの？

世界にはいろいろな山があります。山のでき方もいろいろですが、ここでは代表的なパターンを紹介します。

まずは、**火山の噴火**です。

噴火が起こると、溶岩が流れ出てきます。それが積み重なって徐々に高くなり、やがて山ができるのです。

たとえば富士山は、過去に何度も繰り返された噴火によって溶岩が高く積み重なった山です。

また、**もともと平らだった地面が両側から押されて、しわが寄って山ができる**場合もあります。

この場合は、独立した1つの山ができるのではなく、いくつもの山が連なる山脈ができます。

エベレストがあるヒマラヤ山脈、カナダのロッキー山脈、ヨーロッパのアルプ

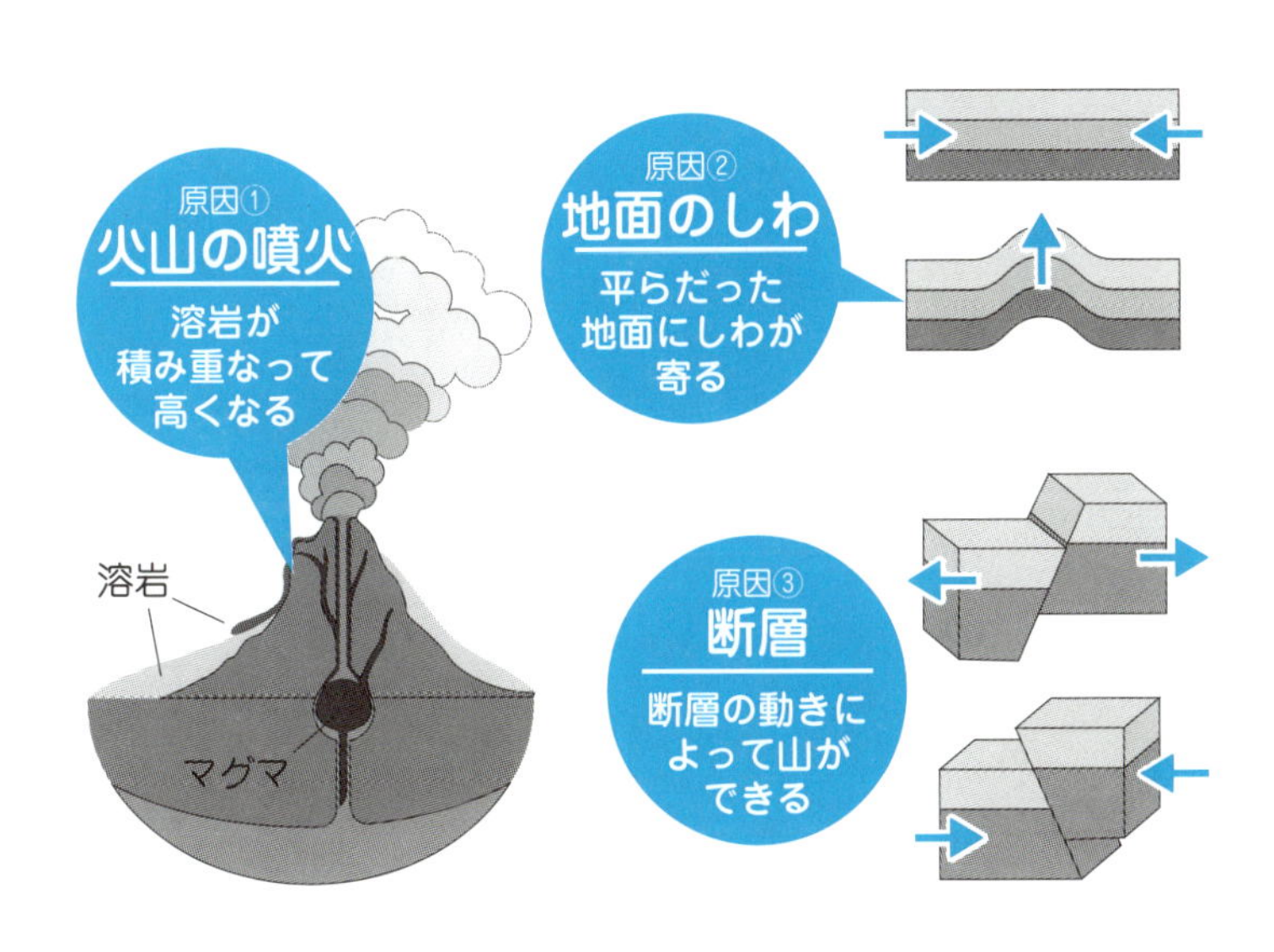

ス山脈など、世界の多くの大山脈がこのようにしてできたものだといわれています。

ちなみに、日本の多くの山脈は少し違います。**断層が連なってできたもの**が、日本には多くあります。

やはり地面が両側から押されるのですが、そのときにしわが寄るのでなく断層になって山脈ができたのです。

火山の噴火や
地面の移動といった
地球の活動が
山を生み出しました

地球の空気はどうやって生まれたの？

46億年前に誕生したころの地球では、たくさんの火山噴火が起こっていました。**火山噴火では、二酸化炭素、窒素、塩素などを含む水蒸気ガスが噴き出します**。このころの空気の成分は、現在とは大きく違っていたのです。

地球が少しずつ冷やされるにつれて、水蒸気は雨となり地上へ降りそそぎました。大量の雨はやがて海を誕生させたのです。

奇跡的なことに、地球の海では生命が誕生しました。**初期の生命は海中で生きていましたが、時代がたつにつれて陸上へもあがるようになりました**。

陸上にあがった植物は、太陽の光を浴びて**光合成**をおこないます。光合成では、二酸化炭素を吸収して酸素を放出します。これによって、**空気中の酸素がどんどん増えていき、現在のような成分の空気になったのです**。

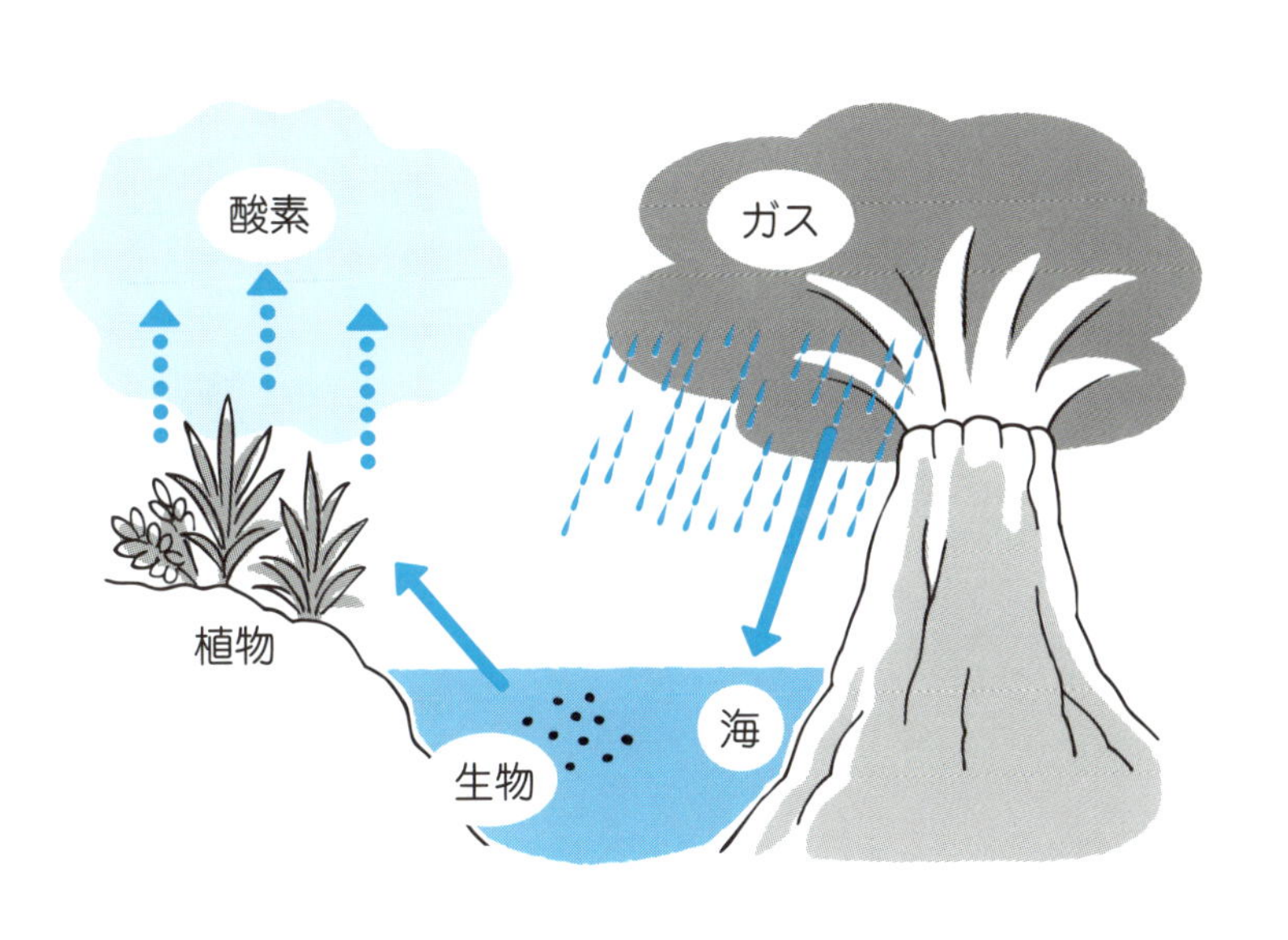

なお、地球をとりまく空気は46億年という長い年月を経ても、宇宙へ拡散せずに残っています。これは、**地球からの強力な引力（重力）**のためです。

たとえば、月には空気がありません。月が誕生したときにも地球と同じようにガスが噴き出されたはずですが、月の引力は地球よりずっと弱いため、宇宙空間へ逃げていってしまったのだと考えられています。

空気は火山の噴火によって生まれたのです

1分や1時間の長さはどうやって決められたの？

昔の人は、次のような順序で「1分」や「1時間」の長さを決めていったそうです。

まず、太陽が地球の周りを1周する時間を**1日**としました。

また、**1ヵ月**という単位は月をもとにして決められました。

月は満月になったり三日月になったりと、満ち欠けが起こりますが、30日で元に戻ります。そこで、30日を1ヵ月と決めました。月をもとにしているから1ヵ「月」なのです。

さらに、太陽の日中の高さは季節によって変わりますが、1ヵ月が12回繰り返されると元へ戻ります。このことから、12ヵ月が**1年**と決められました。

そして、これが昔の人が「12」という数字を大切にする理由にもなりました。

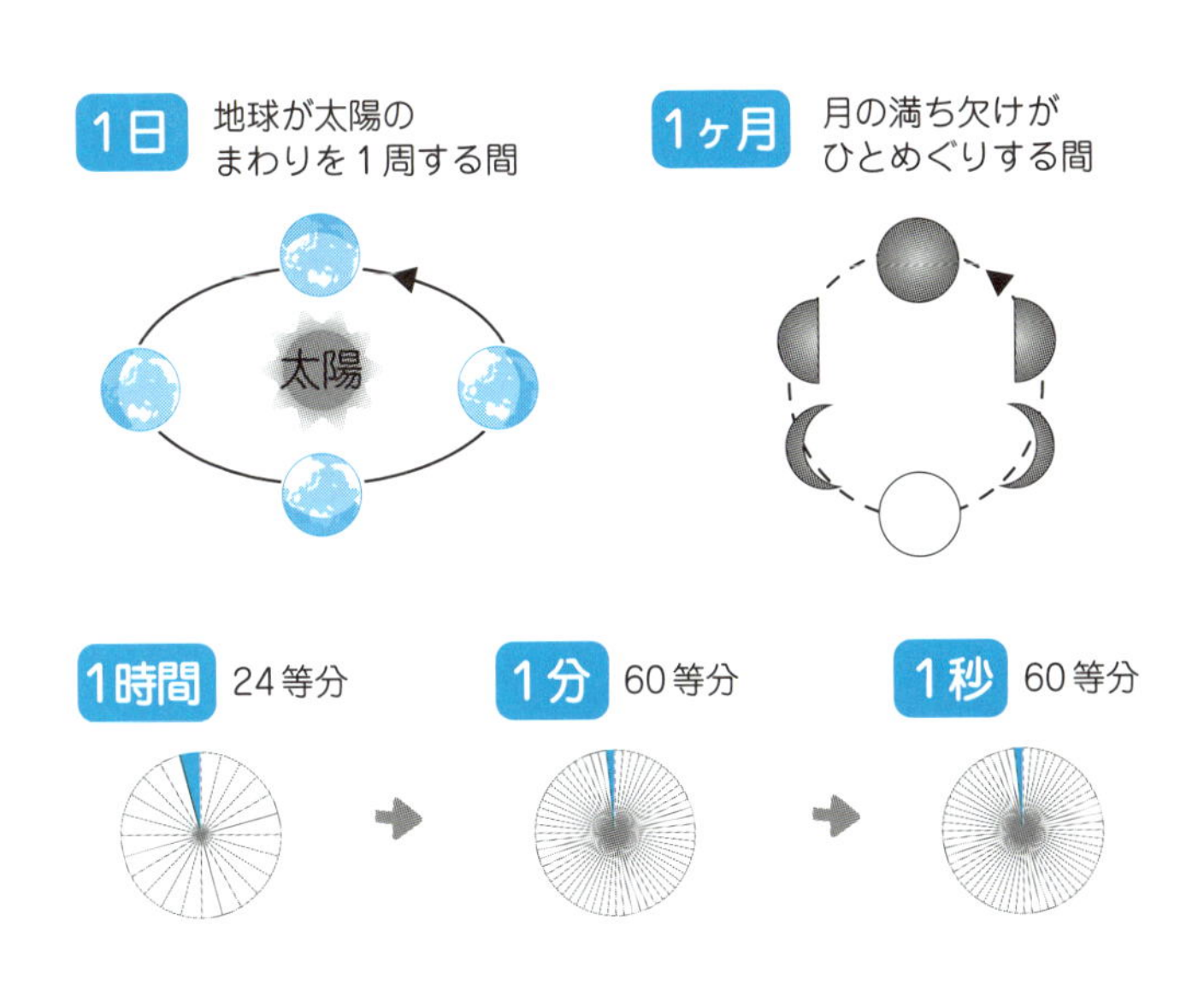

1時間の長さは、「12」という数字をもとに決められました。1日を昼間と夜間に分け、それぞれを12等分したのが**1時間**です。

さらに、1時間の60分の1を**1分**、1分の60分の1を**1秒**としました。

60等分した理由にはいろいろな説があります。たとえば、「12」という数字と、人間の指の数である「10」という数字との最小公倍数が「60」だからではないか、などです。

太陽や月の動きをもとに、時間の測り方を決めたのです

なぜオーロラはできるの？

北極や南極付近では、きれいに輝くオーロラを観測することができます。

オーロラを作っているのは、太陽からやってくる**「太陽風」**というものです。

これは、目に見えない**小さな粒の集まり**なのですが、地球の周りの空間でも平均で1立方センチメートル中に5個ほど含まれています。そして、およそ毎秒450キロメートルもの高速で飛んできます。

太陽風は、地球の近くへ来ると地球につかまります。地球は大きな磁石になっているので、そのはたらきによって捕捉されるのです。

つかまえられた太陽風は地球の北極や南極に集められ、そのまま地球の大気に突入します。

すると、**太陽風がぶつかった大気が光を発するのです**。

これが、オーロラの光です。

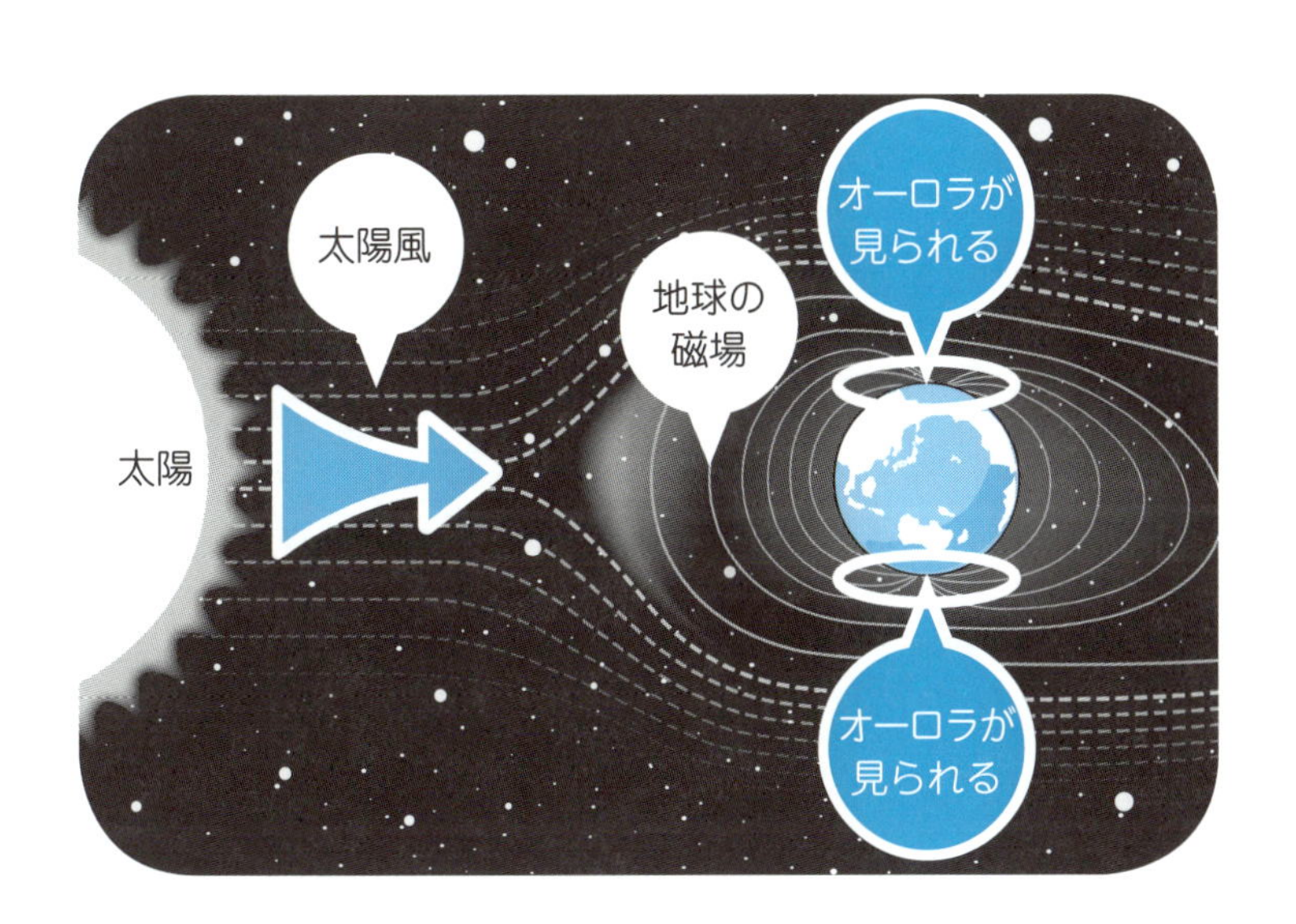

光が発せられるのは、地上100～500キロメートルあたりです。

このあたりにも、薄いですが空気があるため太陽風が衝突して発光するのです。

オーロラはピンクや緑などいろいろな色になりますが、これは光を発する気体の種類の違いによるものです。窒素はピンクや青の光を、酸素は緑や赤の光を発します。

太陽風が地球の大気とぶつかって色を作るのです

なぜ地球上の恐竜は絶滅したの？

恐竜には、二足歩行できるもの、空を飛べるもの、草食のもの、肉食のものなどいろいろな種類が存在したそうです。

恐竜は、今から2億～2億5000万年前に誕生し、6550万年前に絶滅したようです。これは、恐竜の化石が発見された地層の年代をもとに、明らかになったことです。

たいへん長い間繁栄していた恐竜が、なぜ絶滅してしまったのでしょう？　たいへん興味深い疑問ですね。

恐竜の絶滅は、**巨大隕石の衝突が原因だとする説があります**。

この説は1980年代に広まったもので、現在もっとも有力視されています。

この説では、恐竜絶滅の原因を次のように説明します。

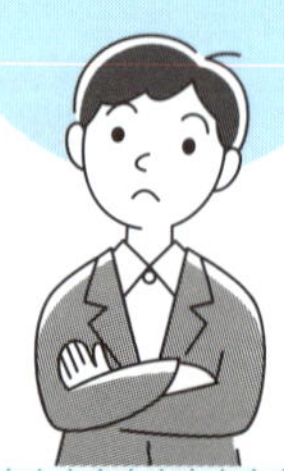

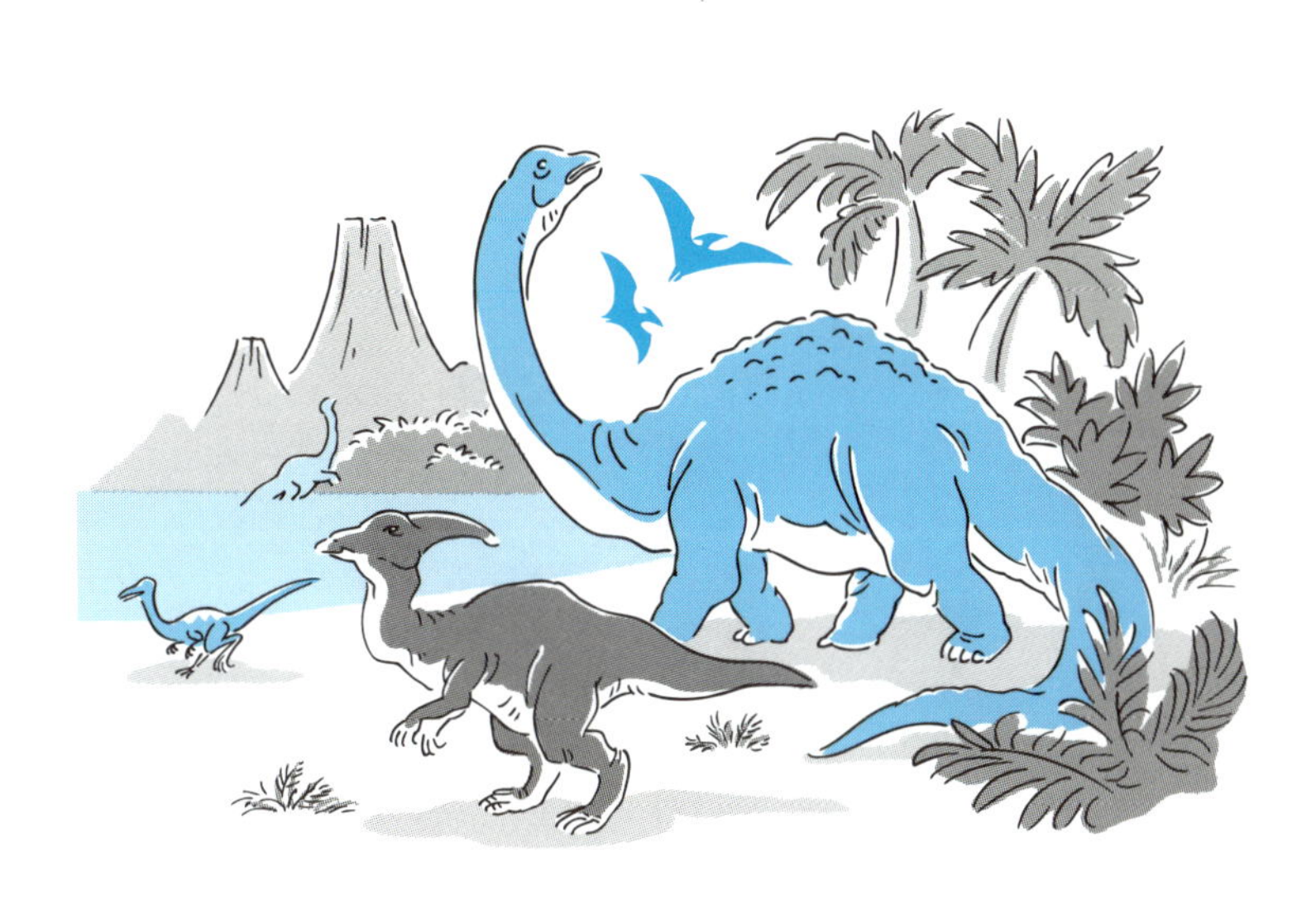

巨大隕石が地球に衝突し、その衝撃で大量の土砂が上空10~50キロメートルのエリアにまで吹き上げられた

↓

日光がさえぎられて地球が極端に寒冷化し、草食恐竜のエサである植物が育ちにくくなった

↓

草食恐竜が減り、それをエサとしていた肉食恐竜も生きられなくなった
また、そもそも気温が下がったことで恐竜が生きられなくなった

しかし、**この説には弱点があります**。
たとえば、恐竜が絶滅した一方でヘビやトカゲは生き残っています。

隕石の衝突による地球寒冷化だけが原因なら、恐竜よりも弱いヘビやトカゲも絶滅しているはずです。

そこで、最近では恐竜の絶滅は隕石衝突だけでなく、**火山の大量爆発なども原因だったのではないかという説**が出てきています。

火山の噴火によって地球が大量の火山灰で覆われると、やはり地球は寒冷化します。そして、地球が寒冷化すると海水も冷えるため体積が小さくなり、浅い海は陸地に変わります。

すると、浅い海に住んでいた水中生物が生きられなくなり、それをエサとしていた生物も生きられなくなる、さらに食

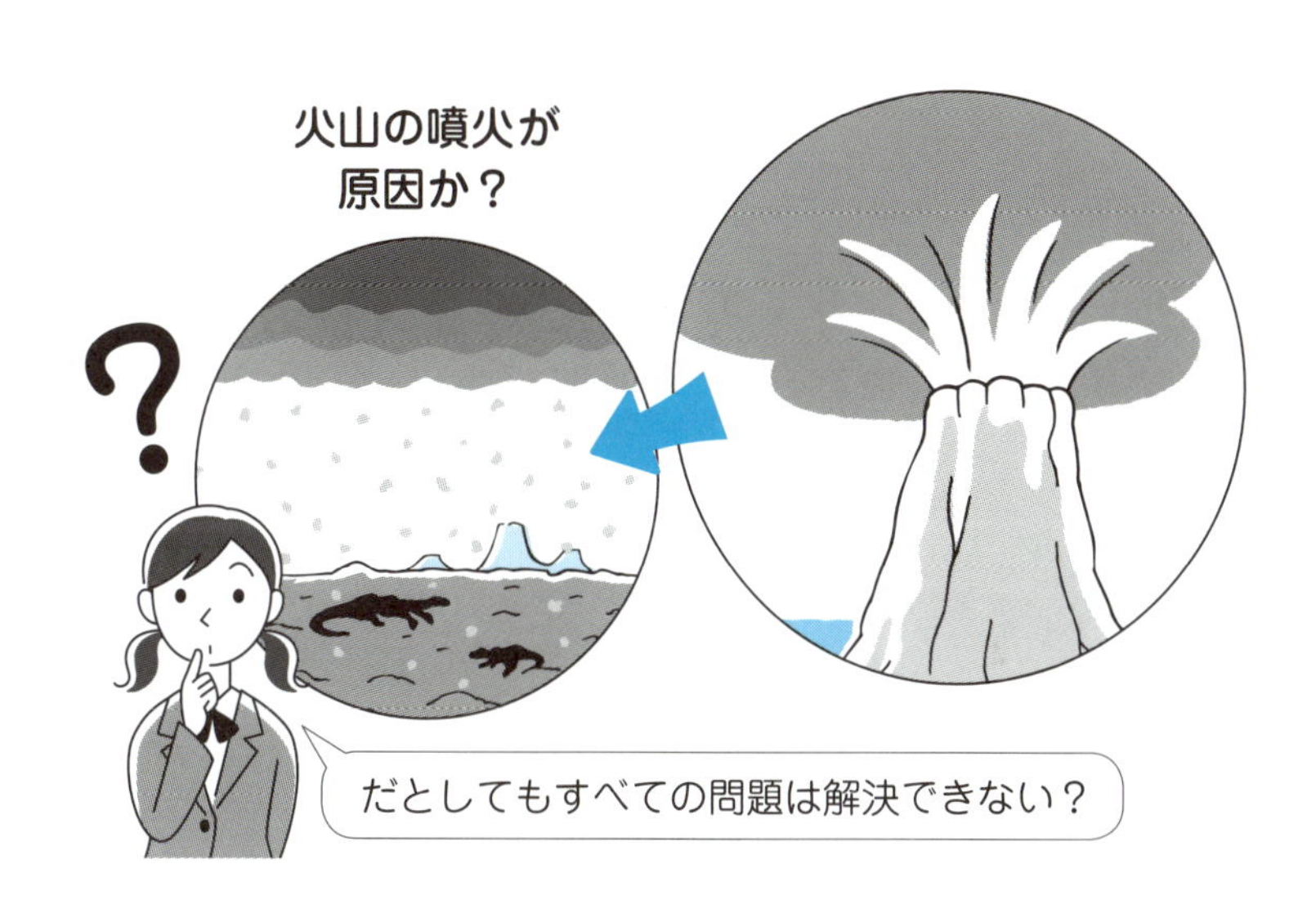

物連鎖の頂点に立っている恐竜も生きられなくなったという考え方です。

しかし、この説も「寒冷化」がポイントになっていることから、隕石衝突説と本質的には同じ部分があります。

このように、恐竜が絶滅した原因については**いくつかの説がある状態**で、はっきりしているわけではないようです。

いくつかの説がありますが
なぜ恐竜が絶滅したのかは
いまだにはっきり
していません

地球にクレーターがほとんどないのはなぜ？

月の表面は凹凸していて、クレーターと呼ばれる凹んだところがたくさんあります。

クレーターの大きさはさまざまですが、直径1キロメートル以上のものだけでも30万個以上もあると考えられています。

直径が大きければ深さも増し、数キロメートルの深さのクレーターもめずらしくないようです。

月のクレーターは、**隕石が衝突することによってできたものです**。巨大なものから小さなものまで、たくさんの隕石が月にぶつかってきた歴史を、クレーターから知ることができるのですね。

このように月ではたくさんのクレーターを見ることができますが、地球ではあまり見られません。

一体どうしてでしょう？

これには、次のようないくつかの理由が考えられています。

理由①

月には大気がありませんが、地球には**大気**があります。

地球に進入してきた隕石は、大気を押しつぶします。

大気はものすごい勢い(いきお)いで押しつぶされるので、非常に高温になります。そのため、隕石は地上に衝突する前に燃えつきてしまうのです。これが「流れ星」の正体です。

というわけで、地球には大気があるため隕石が地上に衝突する回数が減(へ)り、クレーターができることもほとんどなくなるのです。

理由②

月には**海**がありませんが、地球の表面の約70%は海です。

海の中に隕石が突入した場合、クレーターができることは少なくなります。また、もしもクレーターができても海底にあるため見えにくくなります。

理由③

地球にもクレーターができることはありますが、地上では**雨**が降ったり**風**が吹いたりしますので、そのはたらきでクレーターが消えてしまうことが多くあります。

理由④

地球では、大地震などの**地殻変動**がひんぱんに起こっています。

地殻変動によって、大地はもり上がったり、逆に地下深くに沈みこむこともあります。昔は存在したクレーターが、地下に埋もれてしまったということもあるのです。

ちなみに、月はいつも同じ面を地球に向けています。だから月の裏側は地球からは見えないのですが、探査機によって観測されています。

その結果、月の裏側には表側（地球か

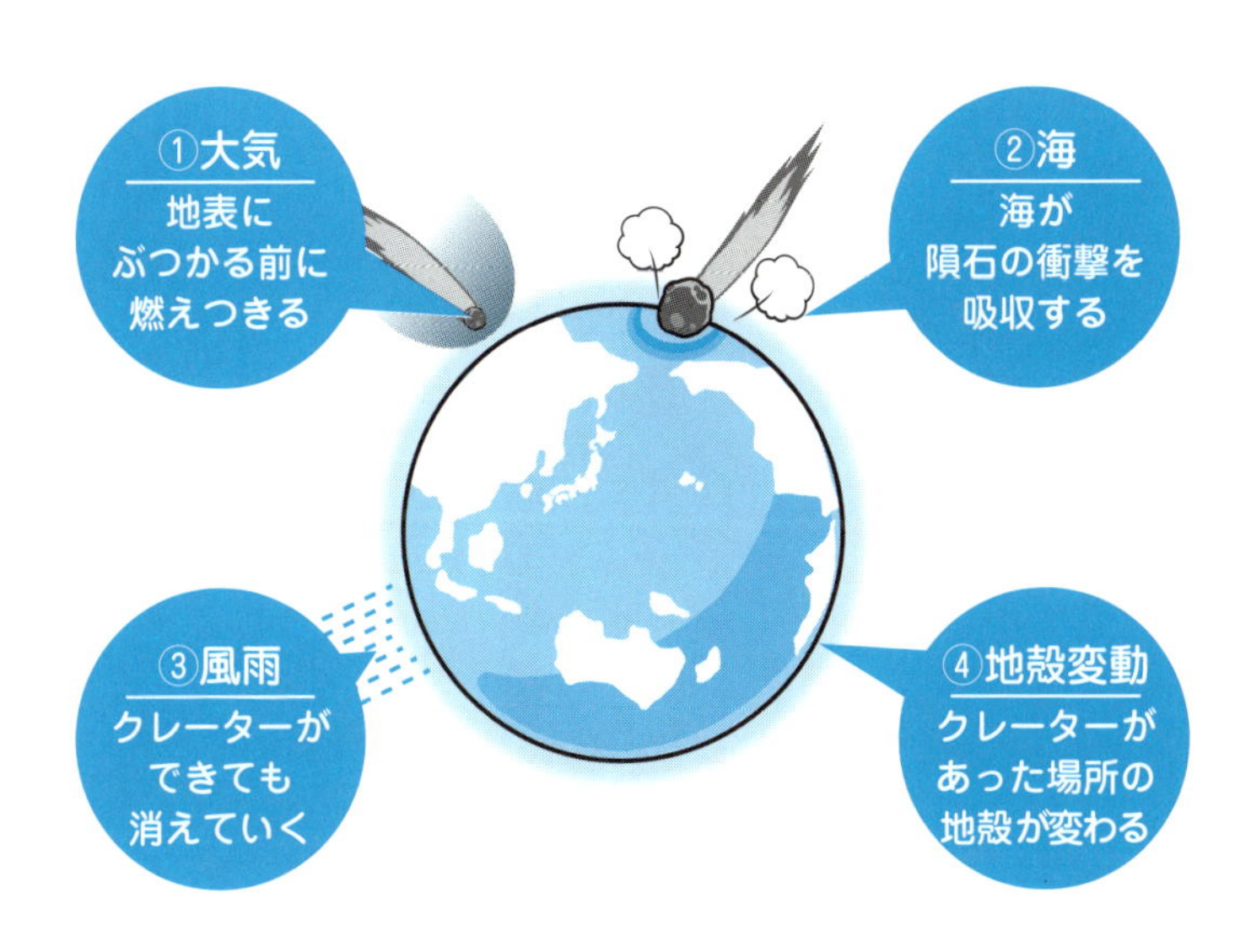

ら見える側）よりもずっと多くのクレーターがあることが分かっています。

表側では、表面の岩石が薄いため内部からマグマが出てきてクレーターを隠してしまいます。

しかし、裏側は岩石が厚いために、そのようなことがあまり起こらないのだそうです。

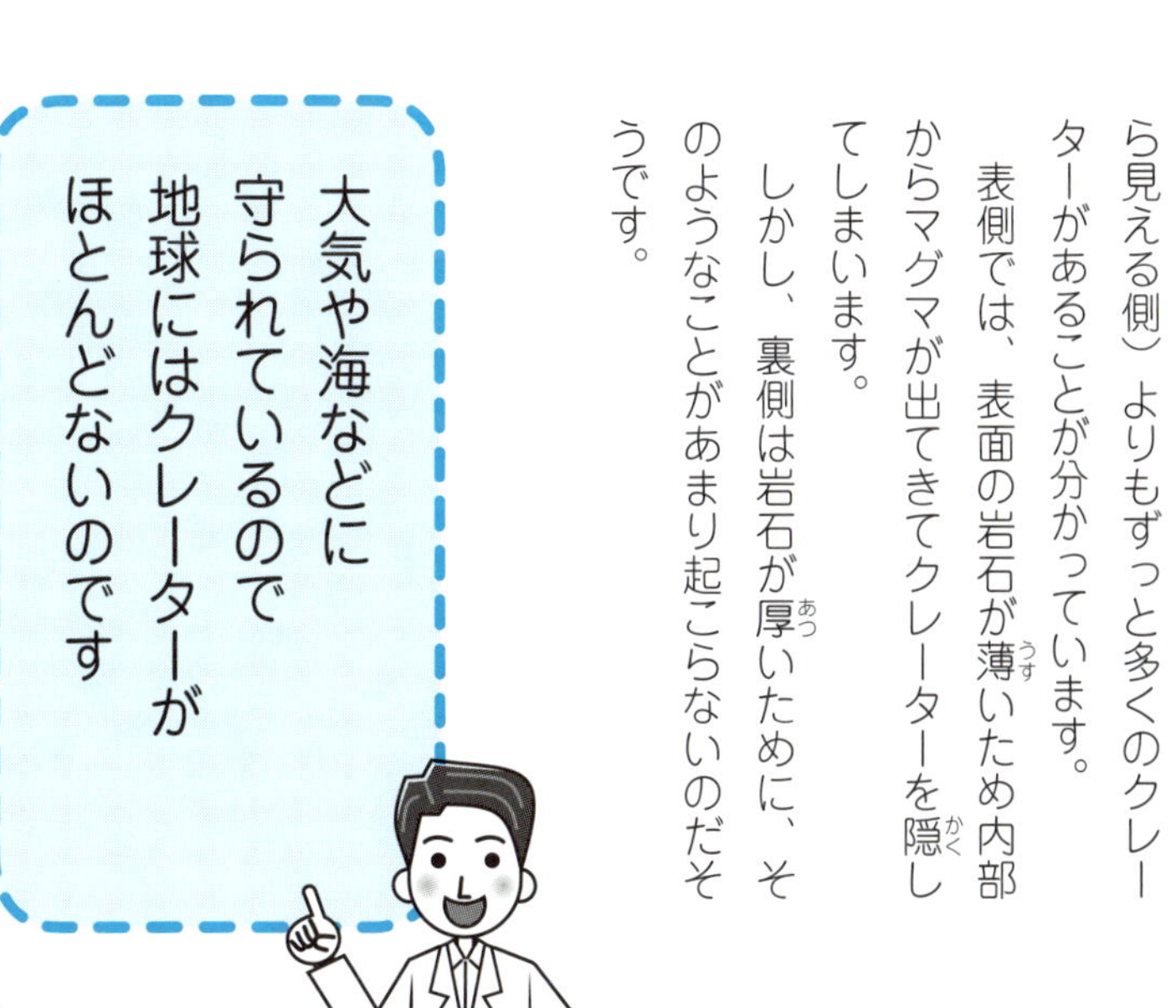

大気や海などに
守られているので
地球にはクレーターが
ほとんどないのです

星はどうやってできるの？

プレアデス星団の周囲のガス

星には、太陽のように自分で光を放つ「恒星（こうせい）」と、自分では光を放たない星とがあります。

それぞれでき方が違（ちが）いますので、順に説明します。

まずは恒星です。

宇宙（うちゅう）には、**「ガス星雲（せいうん）」**と呼ばれるものがあります。

これは、宇宙に浮かぶ雲のようなもの

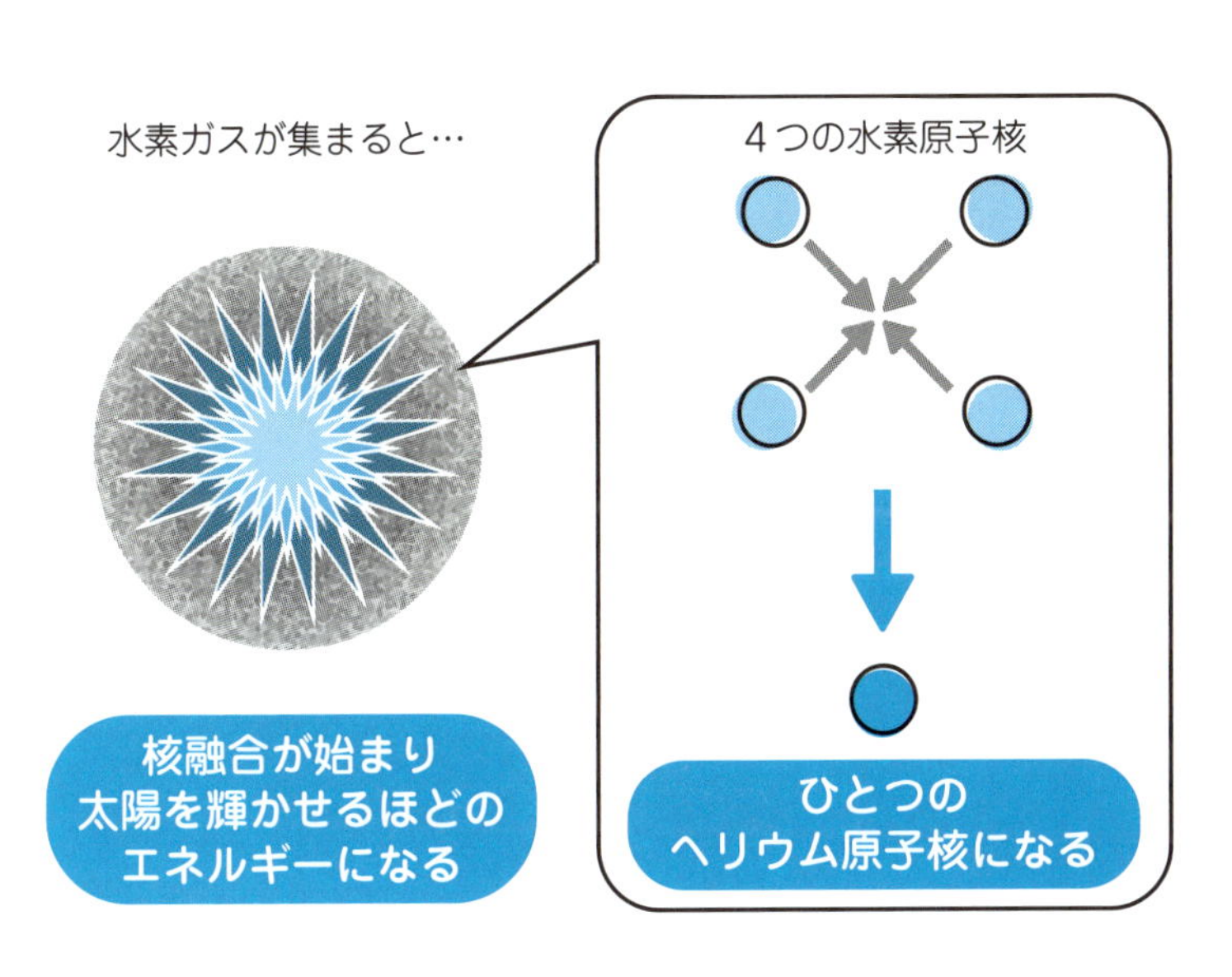

で、ほとんどが**水素ガス**でできています。恒星は、ガス星雲がもとになって作られます。

ガス星雲は、おたがいに**重力によってひきつけあいます**。

ガス星雲の密度にはばらつきがありますが、濃くなっている部分では特に重力が強くなるので、さらにガスが集まっていきます。周りのガスがどんどん引きこまれ、密度がどんどん上がっていくのです。

たくさんの水素ガスが集まって収縮すると、重力のはたらきによってものすごい高温になります。なんと、数千万℃まで上昇するのです。

それほど高温になると、水素ガスは

核融合という反応を起こしはじめます。

水素ガスの核融合反応は、実際にはいくつかの過程に分かれるのですが、結果的には前ページの図のようにまとめることができます。

核融合反応が起こると、ものすごく大きなエネルギーが発生します。これが、太陽などの恒星が輝く源になっているのです。

太陽から地球へ届けられる熱や光も、太陽の中で起こっている水素の核融合で生み出されたものです。

恒星は、このようにできあがります。

では、地球のような惑星など、恒星以外の星はどのようにできるのでしょう。

こちらもやはり、もともと大きなかたまりがあったのではなく、**宇宙にただようチリやガスが集まることでできました。**

ガスの場合は重力で引き合うわけですが、チリ（小さい岩石のようなもの）の場合は衝突しながら合体していきます。最初は小さくても、長い間衝突を繰り返すことで大きな星になっていくのです。

衝突はものすごい勢いで起こり、そのため惑星は自転をはじめるようになります。

地球以外のいろいろな惑星も自転をしていますが、それはいろいろな惑星が同じようにしてできたからなのです。

そして、衝突がどのような向きで起こ

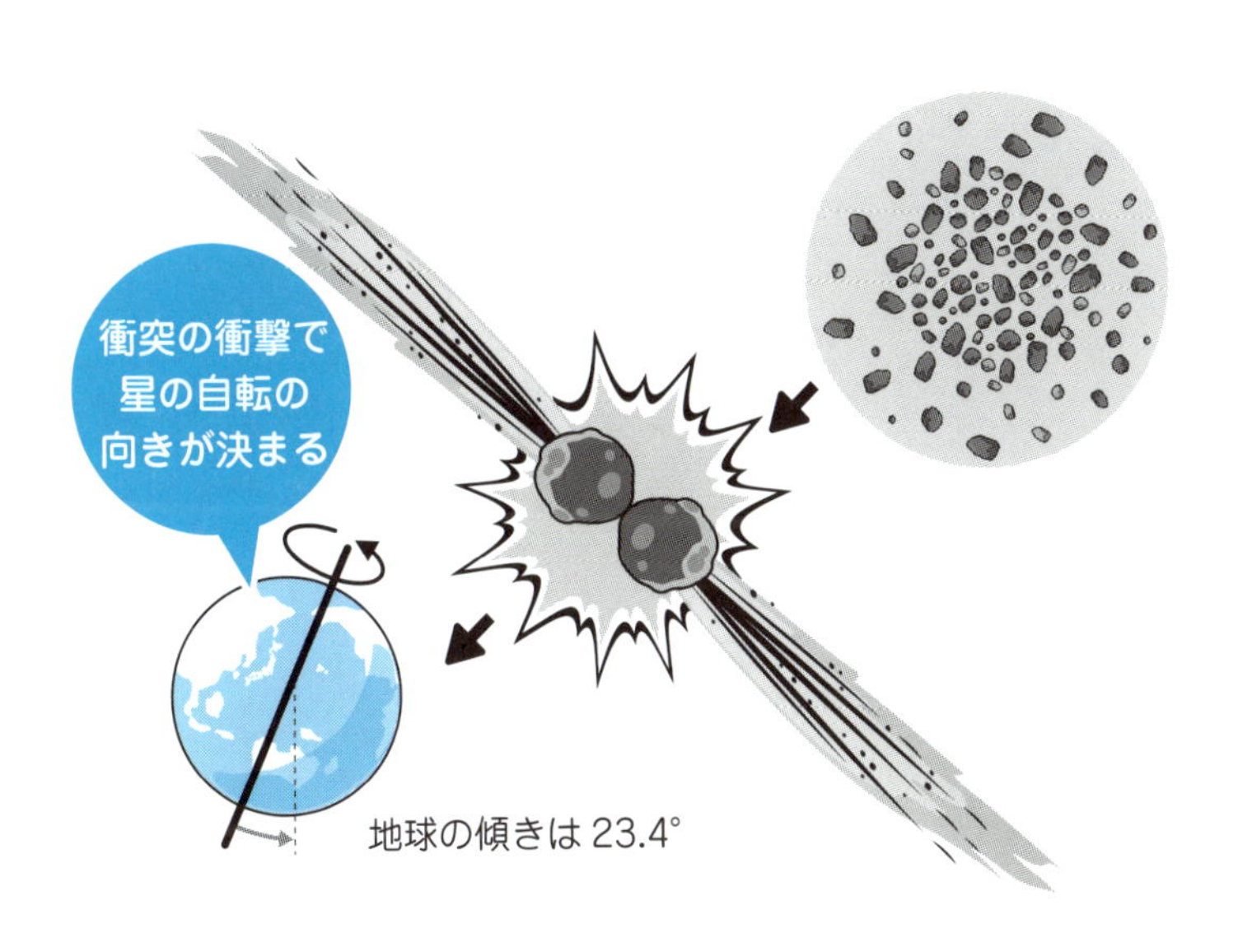
衝突の衝撃で
星の自転の
向きが決まる
地球の傾きは 23.4°

るかによって、自転の向きも決まっていきます。

地球の場合、自転軸が公転面（地球が太陽の周りを回っている平面）に対して23・4度傾いています。

これは、地球が完成するまでの長い衝突の繰り返しの結果として、そうなったのです。

宇宙にただよう
ガスやチリなどが
大量に集まることで
星になっていくのです

太陽は寿命がつきたあとどうなるの？

太陽はみずから光を発する恒星です。中心部は約1600万℃という超高温になっており、**水素が核融合反応を起こしてエネルギーを生み出しています**。

水素どうしが合体するとヘリウムに変わります。ヘリウムもさらに核融合をするのですが、かなり高い温度にならないとヘリウムの核融合は起こりません。

太陽の中心部の温度では、ヘリウムの核融合は実現しないのです。

つまり、恒星の中心でエネルギーを生み出す燃料は水素であり、水素がつきれば核融合は終わるということです。

太陽の場合、あと50億年くらいたつと水素がつきるといわれています。

では、水素を使い果たした恒星はどうなるのでしょう？

まず、**中心部は収縮します**。核融合が起こっている間は、そのエネルギーに

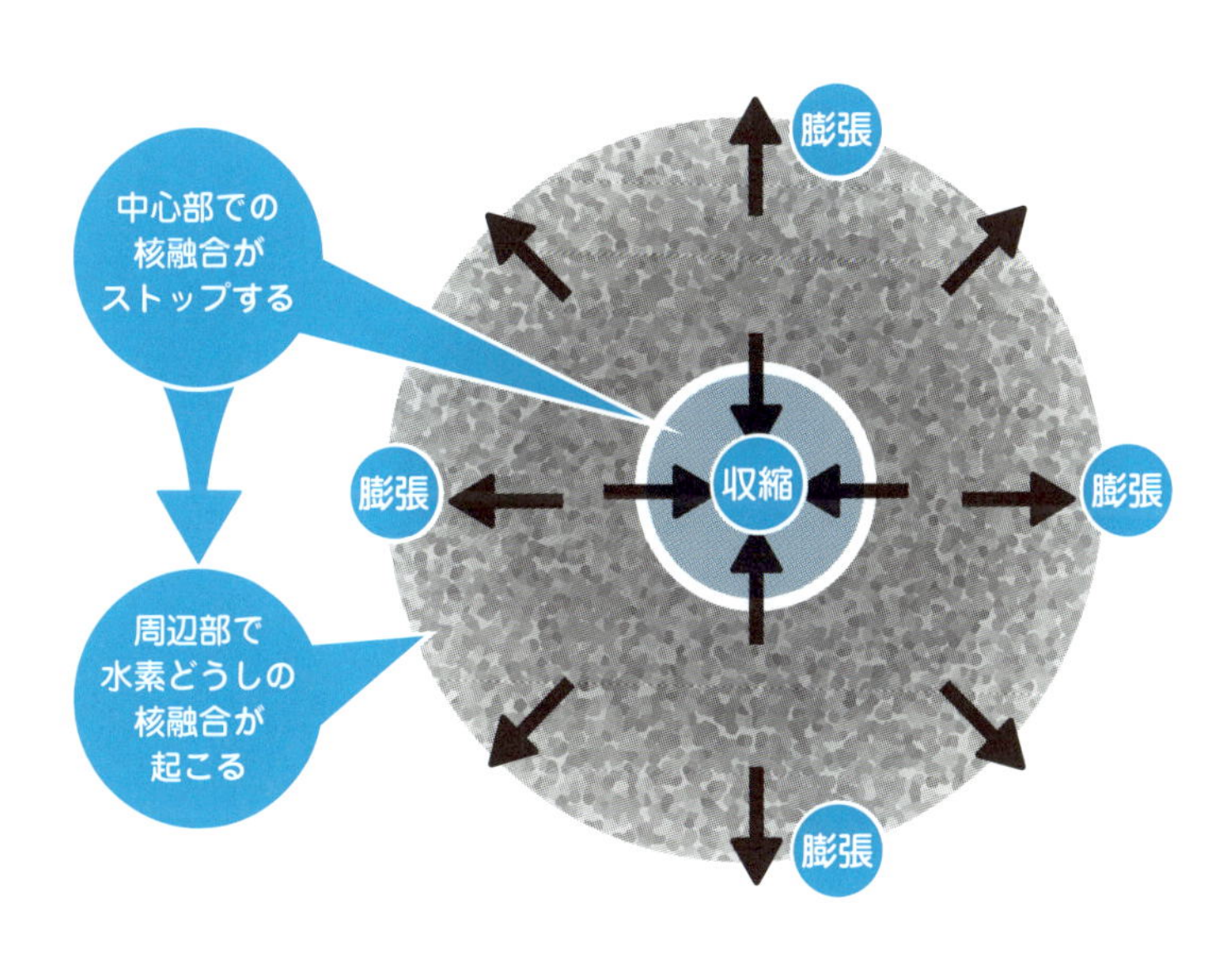

よって膨張していたのですが、膨張がストップします。そして、重力によって収縮するのです。

一方、**周辺部は膨張します**。

じつは、中心部の水素がつきてしまっても、周辺部にはまだまだ水素が残っているのです。中心部での核融合がストップすると、今度は周辺部で水素どうしの核融合が起こります。そして、そのエネルギーでどんどん膨張していくのです。

このように、中心部が収縮する一方で周辺部が膨張した状態、これが**「赤色巨星」**です。

周辺部が膨張すると、エネルギーが失われてもとの恒星より温度が下がります。そして、**色が変わっていきます**。

たとえば、熱せられて高温になった鉄は、冷えていくときに黄色から赤色へと変わっていきます。

恒星も、温度低下とともに黄色から赤色へと変わります。それが「赤色巨星」と呼ばれる状態です。

太陽が赤色巨星になると、現在の地球の軌道すれすれまでの大きさになるそうです。そして、明るさは現在の1万倍にもなるそうです。

では、赤色巨星になった後はどうなるのでしょう?

赤色巨星は、収縮によって生まれるエネルギーにより、**中心部の温度が3億℃くらいにまで上がります!**

もともと、中心部では水素が核融合してヘリウムが誕生していました。ただ、ヘリウムが核融合するほどの高温にはならないため、そこで反応がストップしていたのです。

しかし、3億℃という高温になると**ヘリウムも核融合を開始します**。そして、炭素や酸素に変化するのです。

炭素や酸素は7億℃くらいの高温にならないと核融合しないので、ヘリウムがつきれば核融合はストップします。

すると、赤色巨星ができるときと同様に中心部は収縮し、周辺部で残った水素やヘリウムが核融合して膨張することになります。

このように収縮や膨張が繰り返される

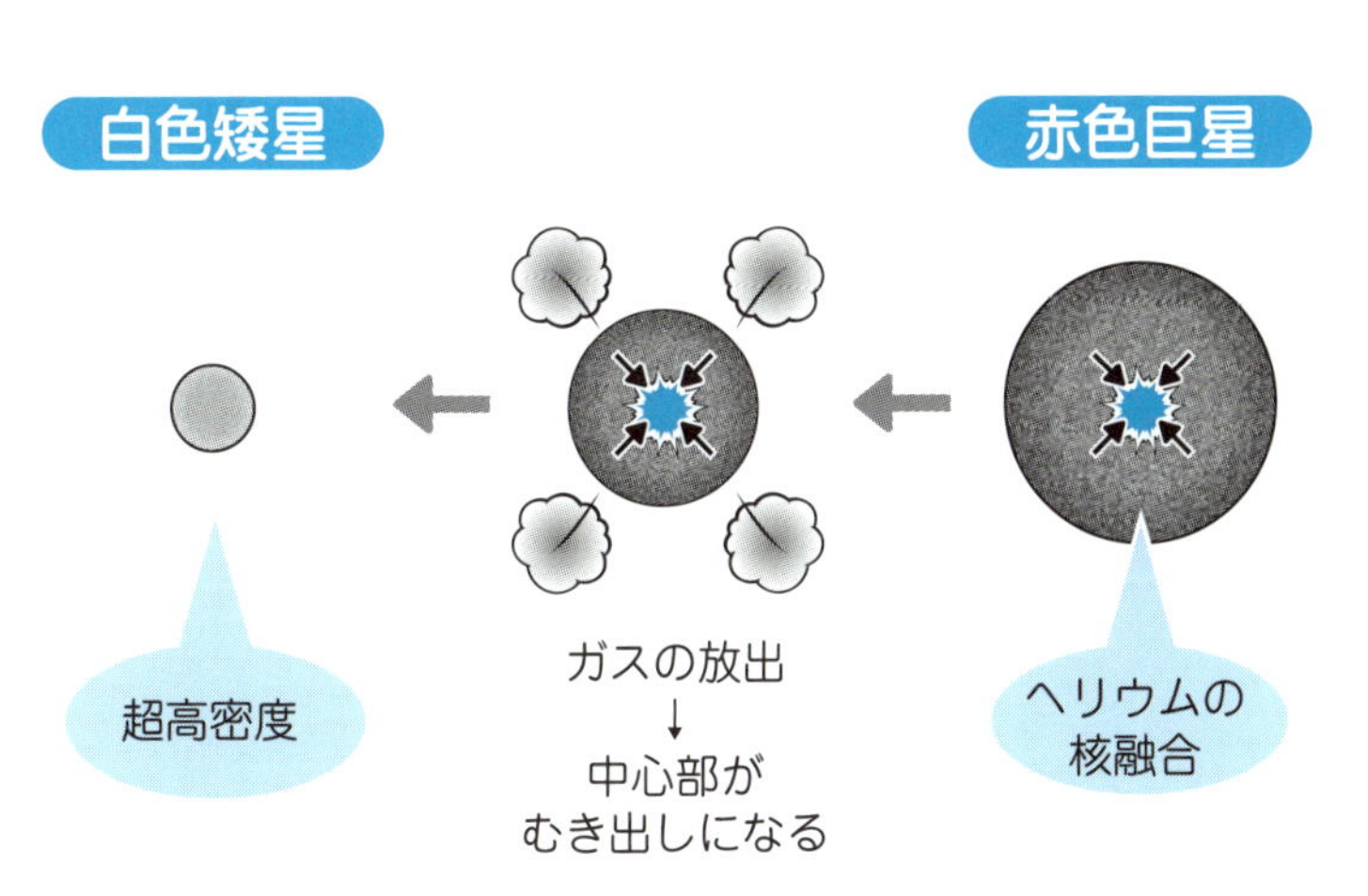

状態は非常に不安定で、その途中で大量のガスが放出され、やがて中心部分がむき出しの状態となります。

そして、中心部分の炭素や酸素はみずからの重力によって収縮し、超高密度の状態へと移行します。

この状態の星は高温で白く輝く**「白色矮星」**で、そこから放出される紫外線が周囲にまき散らされたガスを美しく輝かせます。太陽は、最終的に白色矮星となるのです。

太陽は最後に白色矮星という美しく輝く星になります

土星の輪はどうやってできたの？

土星は、大きさが地球の9倍もある巨大な惑星(わくせい)です。そして、なんといっても輪があることが特徴(とくちょう)ですね。

土星の輪の厚(あつ)さは数百メートル程度ですが、幅は7万キロメートルほどもあります。地球の直径が1万3000キロメートルほどですので、非常に大きいことが分かります。

このような輪は、どのようにしてできたのでしょう？

土星の輪は、**たくさんの氷の粒(つぶ)と岩石からできています**。

その中には山ほど巨大なものから塩粒ほど微小(びしょう)なものまであり、総数は数十億におよびます。これらは土星のまわりをグルグル回り続けているので、土星に落ちることはありません。

では、たくさんの氷の粒や岩石はどこから来たのでしょう？

これにはいろいろな説がありますが、

現在有力とされているのは次のような考え方です。

土星が誕生したころには、土星のまわりを**いくつもの衛星**（えいせい）が回っていました。衛星は氷や岩石のかたまりです。衛星どうしは衝突を起こすこともあり、粉々になっていきました。

そのようにして生まれたたくさんの粒が、現在も土星のまわりを回り続けているというわけです。

土星の輪はもともと衛星だったものからできています

もう少し考えてみよう

地球以外でもオーローラが発生する

124ページで紹介したオーロラは、地球だけで見られる現象ではありません。他のいろいろな惑星でも、オーロラが観測されています。

大気がある惑星であれば、オーロラが発生する可能性があります。ただし、大気に太陽風が衝突しなければオーロラは発生しませんので、太陽風を集めるための磁場も必要になります。

木星や土星は、地球と同じように惑星全体が磁石になっています。十分な大気もあるため、オーロラが発生しています。

しかし、たとえば火星には大気がありますが磁石になっていません(磁場はゼロではありませんが、非常に微弱です)。そのため、火星ではオーロラは発生しないだろうと考えられてきました。

ただし、最近になって火星探査機が火星で発生するオーロラを観測しました。この発見が手がかりとなって、火星の謎がさらに解明されるかもしれませんね。

4章

物理に関する疑問

扇風機の風はなぜ前にしか吹かないの？

扇風機を回して、その前にいれば涼しいですが、うしろにいても涼しくなりませんね。扇風機の前方にしか風が吹かないからです。

扇風機はプロペラを回して空気を動かします。それなら、前にもうしろにも風が吹いてもよさそうに思いますが、どうして前方にしか吹かないのでしょう？

この理由は、船のスクリューのしくみが分かると理解しやすくなります。

船のうしろ側にはスクリューというプロペラがついています。スクリューは、回転しながら前方の水を吸いこみ、それを後方へ勢いよく送り出します。その反動で、船が進んでいくのです。

扇風機も同じしくみです。

扇風機の羽が回るとき、単に空気を動かすだけではなく、**うしろ側の空気を吸いこんで前方へ送り出しているのです。**

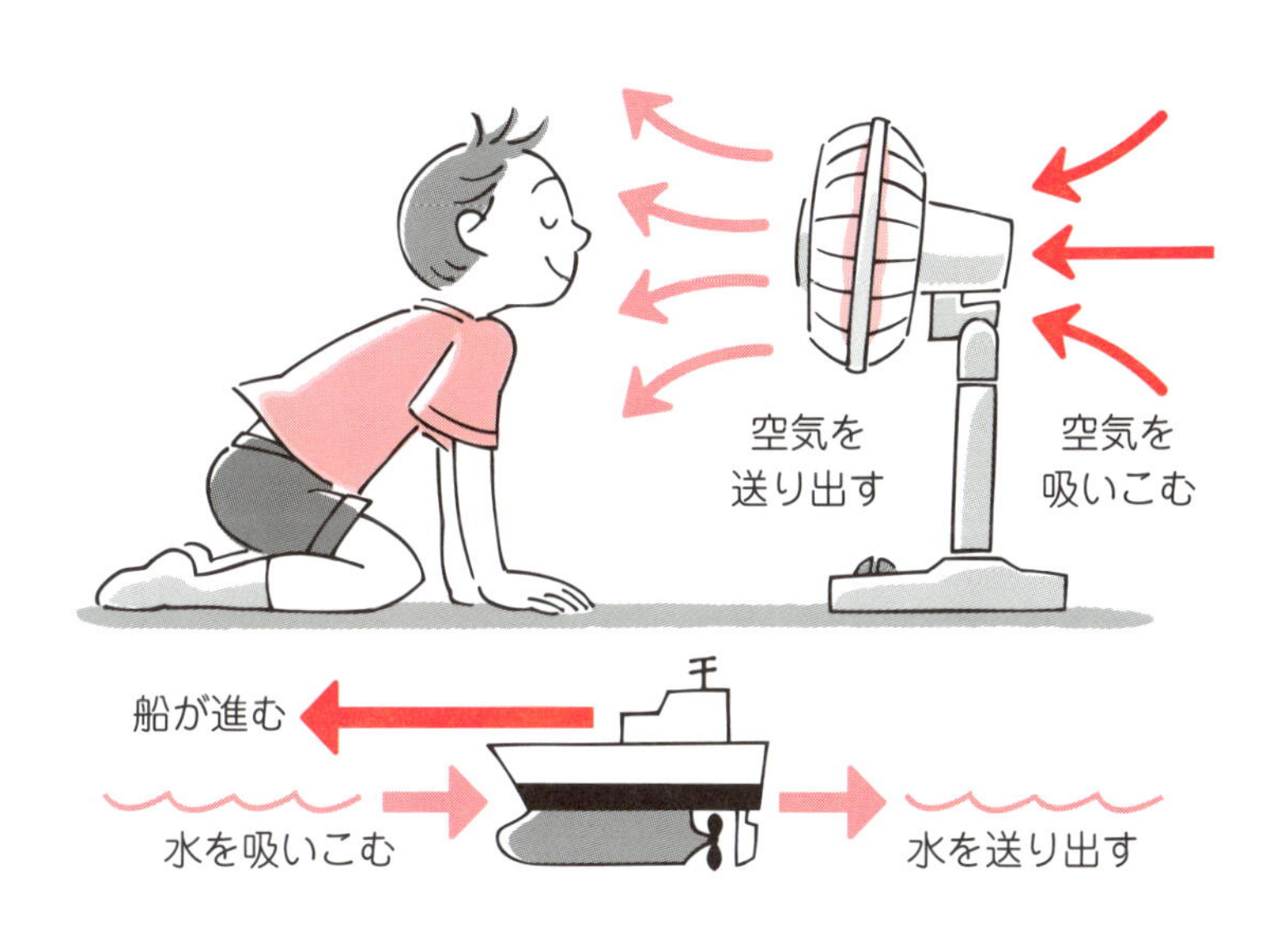

これが、扇風機が生み出す風です。**扇風機の羽は、片側だけから空気を吸いこむような形状に作られている**ので、いつでも決まった向きに風が吹くのですね。

ちなみに、扇風機の羽を逆(ぎゃく)向きに回したら、風はうしろ向きに吹くようになります。回す向きが変わると、どちらから空気を吸いこむかが変わるような形状になっているのですね。

うしろの空気を吸いこみ
前方へ送り出す形の
羽だから風は前にだけ
吹くのです

物理に関する疑問

吸盤を水でぬらすとくっつきやすくなるのはなぜ？

お風呂や台所でよく使われる吸盤(きゅうばん)は、壁(かべ)との間に空気が入らないようにすると、うまくくっつきます。

これは、吸盤が大気圧によって壁に強く押しつけられるためです。

吸盤が壁に密着(みっちゃく)すると、吸盤はなかなか動かなくなります。押しつけられることで強い摩擦(まさつ)が発生し、動くのを邪魔(じゃま)するからです。だから、何かをつるしてもかんたんには落ちないのです。

しかし、壁との間に空気が入りこむと、かんたんに落ちてしまいます。

それは、**吸盤が内側からも圧力を受けることになる**からです。

吸盤が外側から押しつけられているだけなら壁にしっかり密着しますが、内側からも押されるとそうはなりません。

そのため、強い摩擦が発生しなくなり、かんたんに動いてしまうのです。

壁との間の空気を抜くのは意外と難し(むずか)し

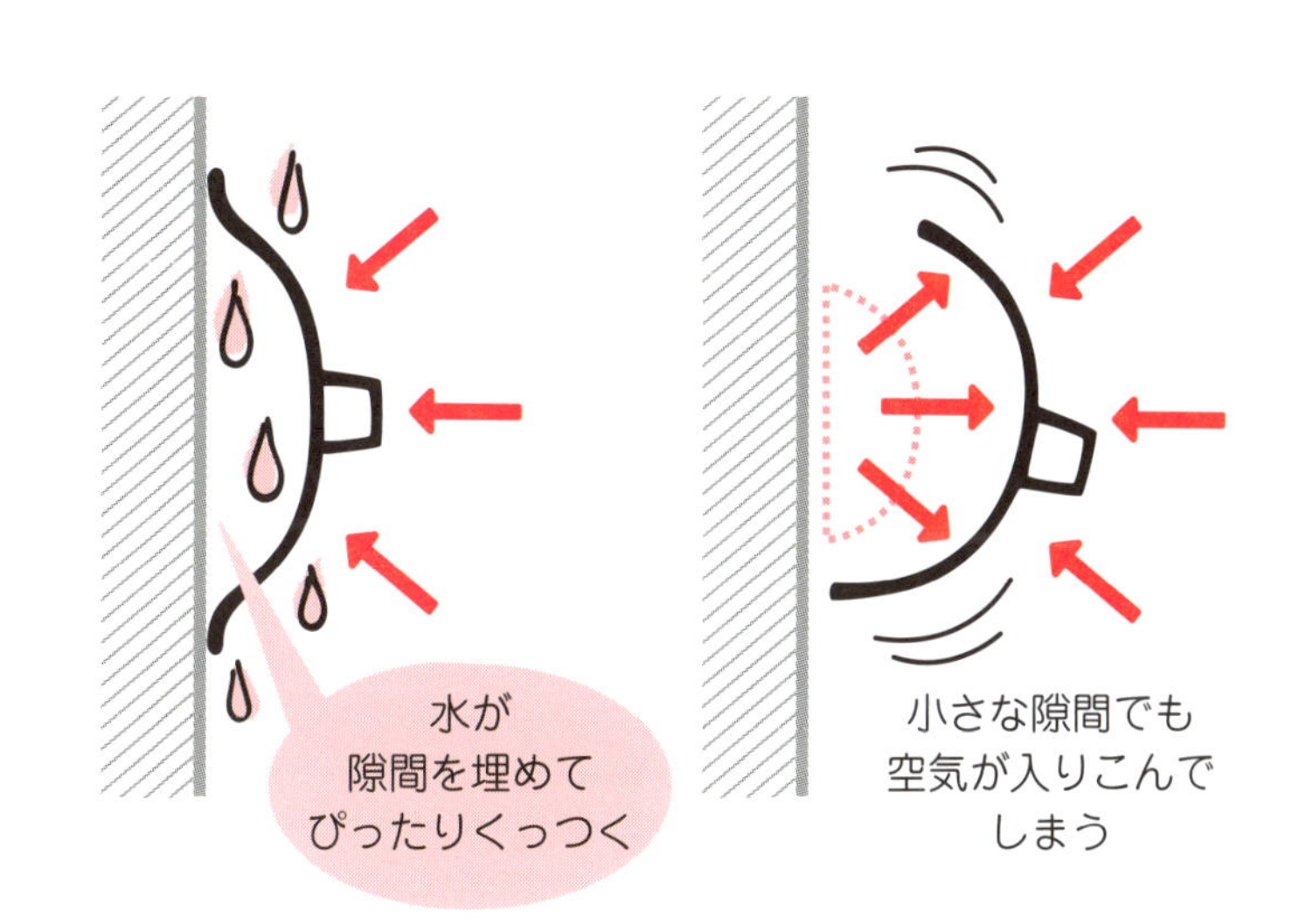
水が
隙間を埋めて
ぴったりくっつく
小さな隙間でも
空気が入りこんで
しまう

く、たとえば吸盤に小さな傷がついただけで空気が入りこんでしまいます。そこで、吸盤を水でぬらすという知恵が生まれたのでしょう。

水が吸盤の小さな傷や隙間を埋めて、空気が入りこむのを防ぐのです。

なお、水でぬらすだけでなく、たとえばハンドクリームのようなものを吸盤にぬるのも有効です。

水でぬらすと
空気が入らなくなるので
吸盤はくっつきやすく
なるのです

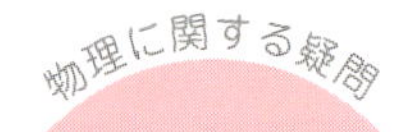

氷は透明なのにどうして雪は白いの？

雪は、水が凍ってできたものですが、白く見えます。氷は透明なことが多いのに、なぜでしょう？

まずガラスの話をします。それが分かると、雪についても理解できるからです。

一般的なガラスは透明です。透明というのは、差しこんだ光が反対側へ通過していく状態です。

ガラスが透明なのは、表面が凸凹していなくて平らだからです。

たとえば、表面に細かい傷をつけてあるすりガラスは透明ではありません。また、ガラスが粉々にくだけたら、透明ではなく白く見えるようになります。

これは、粉々になることで表面が凸凹になり、**光がほとんど通過せず反射するようになる**からです。

特定の色の光が当たれば、くだけたガラスもその色に見えることになります。

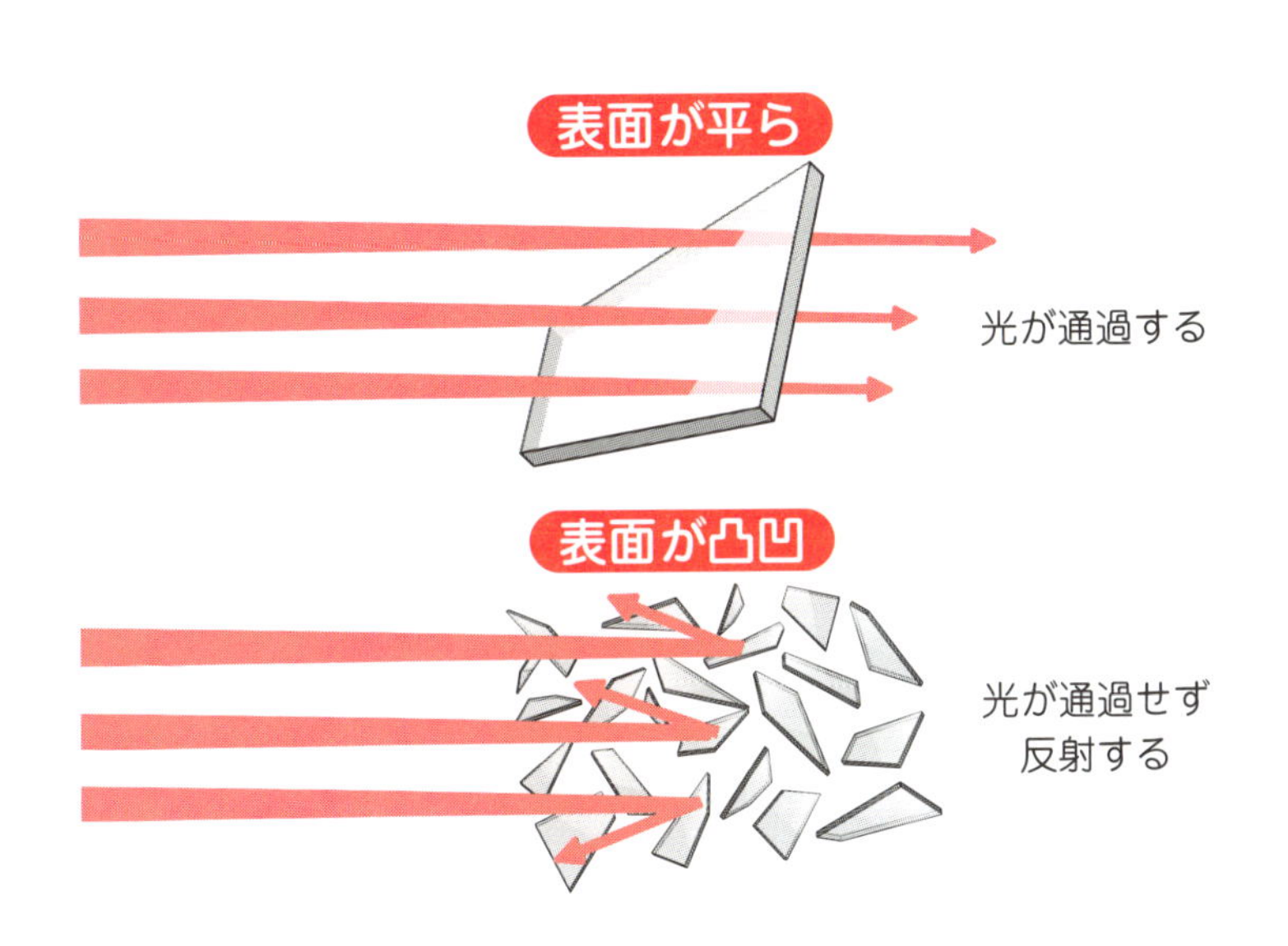
表面が平ら
光が通過する
表面が凸凹
光が通過せず
反射する

ただ、多くの場合は**太陽光や照明の光など白色光が照射**(しょうしゃ)**することが多いため、白く見えることが多い**というわけです。

そして、雪が白く見える理由も同じように理解できます。

雪は、粉々にくだけた氷のようなものです。氷は、表面が平らになっていれば透明に見えます。しかし粉々にくだけることで、光が透過(とうか)せず反射するようになり、白色に見えるのですね。

雪は雲と同じように、
小さな粒のために
白く見えるのです

液体の水は透明なのに雲が白いのはなぜ？

雲は、小さな水滴（液体の水が小さな粒になったもの）や氷の粒が集まってできています。気温があまり低くない場所なら水滴が多くなります。

そうであれば、透明に見えそうなものです。しかし、雲になると白くはっきり見えますよね。

なぜでしょう？

「透明」というのは**「光を通過させる」**ことです。つまり、液体の水は光をほとんど反射せず、通過させるのです。

しかし、液体の水も水滴になると、光を散乱させるようになります。

そして、**散乱する光の色**が、私たちが目にする雲の色となります。

たとえば、空は青く見えます。それは、空気中にある目に見えない小さなチリやホコリによって、青い光が散乱するからです。青い光は波長が短いため、散乱し

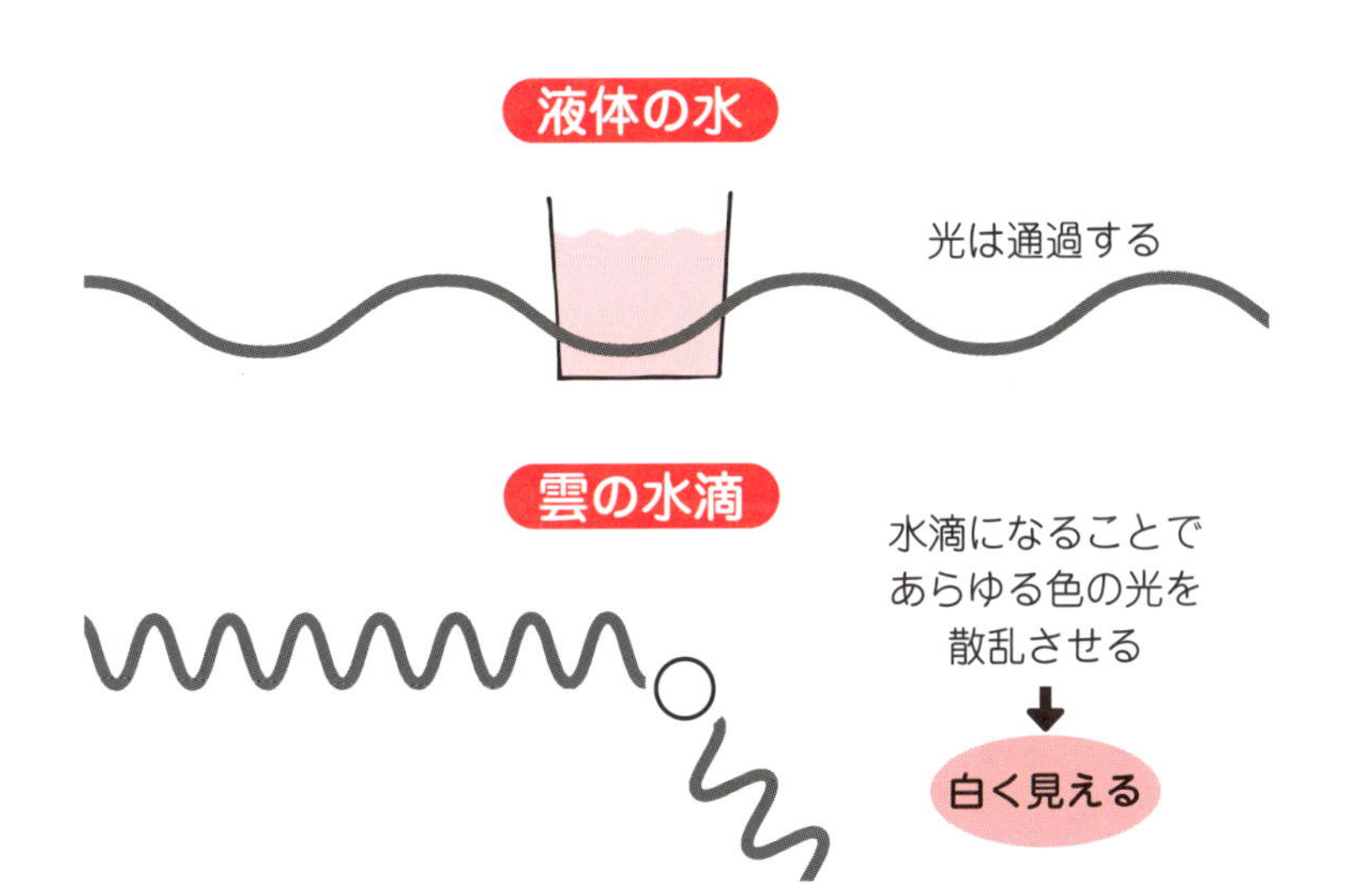

やすいのです。

光が雲にぶつかったときには、空気中のチリやホコリより大きな水滴や氷の粒によって散乱します。光がより散乱しやすいのです。

そのため、雲で光が散乱する場合は、あらゆる色の光が散乱します。あらゆる色の光が合わさると、白い光になります。

これが、雲が白く見える理由です。

水滴がたくさん集まって雲になるとあらゆる色の光を散乱させるので白く見えるのです

電気に関する疑問

電気とは何？いつ誰が見つけたの？

タレスが
引きつける
力を発見

電気の歴史は古く、最初に発見されたのは紀元前2600年頃です。

ギリシャの哲学者だった**タレス**という人は、磁石の研究をしていました。電気より磁石の方が、先に発見されていたのですね。

その研究中に、琥珀を布や革でこすると、ホコリや羽など軽いものを引きつけるようになることに気づきました。

琥珀とは、樹木が分泌する樹脂が化石

ガルバーニが
２種類の金属で
電気が生まれることを
発見

になったもののことです。

布や革でこすった琥珀がホコリや羽を引きつけるのは、琥珀に静電気が生まれたからです。

これが人類が最初に発見した電気なのですが、このころにはまだ電気の正体は分かっていませんでした。

その後、電気の研究はあまり進まなかったのですが、18世紀には電池が発明され、研究が進んでいきました。

電池発明のきっかけは、イタリアの**ガルバーニ**という人の発見です。

解剖学者だったガルバーニは、カエルの脚が種類の違う2つの金属ではさまれたとき、けいれんするのに偶然気づきました。

　脚がけいれんしたのは、電気が流れた証拠です。そのことから、２種類の金属があれば電気が生み出せるのではないか、という考えが生まれたのです。

　この発見をヒントとして、１８００年にイタリアの**ボルタ**という人が人類初の電池を発明しました。

　ボルタという名前は、電圧の単位「ボルト」の由来になっています。

　さらに、アメリカの**フランクリン**は雷雨の中でライデン瓶を取り付けたタコをあげるという危険な実験をおこないました。

　そして、そこからタコに雷が落ちるとライデン瓶に静電気が蓄えられることを発見しました。

　なお、ライデン瓶というのは18世紀に発明された静電気を蓄える装置のことです。現代生活に必要な電気回路に欠かすことのできない部品であるコンデンサーは、これをもとにしたものです。

　電池の発明や静電気に関する実験をきっかけに電気の研究はどんどん進み、１８９７年には電子というマイナスの電気を持った小さな粒子が見つかりました。

　そして、電気の正体はこれだと分かりました。つまり、「電流が流れる」というのは、**「電子という粒子が動いていく**

フランクリンが
瓶の中に電気を
ためる実験をおこなう

ことだ」というわけです。

また、「マイナスの静電気がたまっている」というのは電子がたくさん集まった状態のことだとわかりました。

逆に、「プラスの静電気がたまっている」というのは、プラスのものが集まっているわけではなく、じつは電子が逃げていって不足した状態のことなのだということも分かったのです。

ギリシャの哲学者
タレスが
最初に電気の存在に
気づきました

豆電球や蛍光灯はどうやって作られているの？

小さな電球は、豆のように小さいので「豆電球」と呼ばれます。まずはこの作り方を説明しますが、基本的にはふつうの電球と同じように作ります。

電球の中には、**フィラメント**という金属の線が入っています。

フィラメントに電流を流すと、温度が2000℃以上に上がります。これは、たとえば電気コタツの中にあるフィラメントに電流を流して温度が上がるのと同じです。

ドライヤーの中にもフィラメントが入っていて、電流を流して温度を上げ、そこに風を吹（ふ）きつけて熱風としています。電球の場合も同じことが起こるわけです。

では、電球の中のフィラメントの温度が上がると、どうして光るのでしょう？

理由は、**「物体は温度が上がると光る」**

からです。

たとえば、ふだんは光っていない鉄も、温度を上げていくと光ります。

もしも製鉄所などで鉄を加工している現場や映像を見たことがあれば、その様子が分かると思います。

鉄は600℃を超えると赤く光りだし、温度が上がるにつれて明るくなっていきます。1000℃くらいになると黄色く、1300℃では白っぽく光るようになります。

電球が光るしくみも、まったく同じなのです。フィラメントに電流を流すと、3000℃くらいまで温度が上がっていきます。そのときに放たれる光を利用した照明が、電球なのです。

なお、フィラメントにはふつう**タングステン**という金属が利用されています。あまり聞き慣れない金属ですが、これを使うのには理由があります。

タングステンの融点（融けて液体になる温度）は３３８０℃と、金属の中で最高なのです。

融点が低い金属だと、２０００℃以上という高温になると融けてしまい、フィラメントに使えないのですね。

しかし、これだけ融点が高いタングステンでも使い続けると少しずつ融けてしまい、フィラメントはだんだん細くなっていきます。そして、フィラメントはやがて切れてしまいます。

これが、電球の寿命です。

次に、蛍光灯について説明します。

蛍光灯が光るしくみは、電球とは異なります。

蛍光灯の中には**水銀の蒸気**が封入されています。そして、両端にはフィラメントがあります。

蛍光灯を点灯するとき、まずはフィラメントに電流を流します。すると、電球の場合と同様にフィラメントの温度が上がります。

そして、蛍光灯の場合には温度が上がったフィラメントから**電子というマイナスの電気を持った小さな粒子**が、勢いよく飛び出すのです。

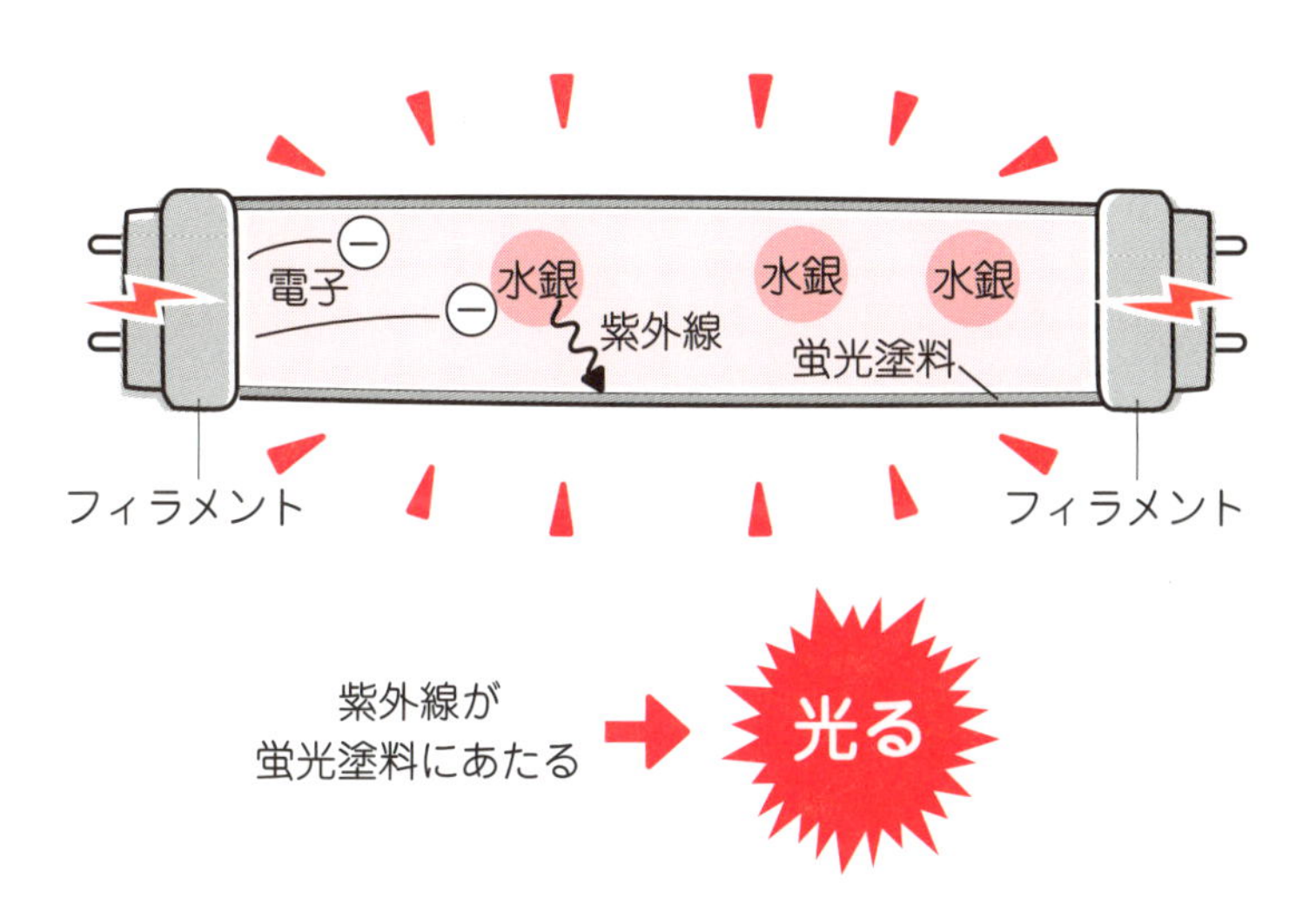

フィラメントから飛び出した電子は、中に封入されている水銀の蒸気に当たります。

すると、電子が衝突した水銀からは紫外線が出てきます。

紫外線は、蛍光管の内側に塗られた蛍光塗料に当たります。紫外線が当たった蛍光塗料からは、光が発せられます。

この光が、蛍光灯の光なのです。

電気を流すと熱くなる金属を利用して、電球や蛍光灯は作られています

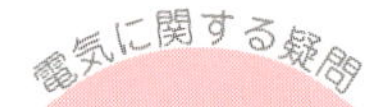

空気清浄機のにおいセンサーはどうやってにおいを感知するの？

空気清浄機は空気中のホコリを集め、におい成分を取ってくれます。空気がどのくらい汚れているかをセンサーで測り、汚いときにはハイパワーで動きます。

私たちがにおいを感じるのは、空気中に**においの元になる物質**があるからです。

とても小さいので目には見えませんが、におい物質が多くなるとにおいを感じるようになります。

においセンサーでは、空気中のにおい物質の量を測っています。

センサーには**半導体**が使われています。半導体というのは、導体のように電気をよく通すわけではないけれど、不導体のように全く通さないわけでもなく、わずかに電気を通すものです。

半導体ににおい物質がくっつくとどうなるのでしょう？

におい物質には、わりと電気を通すも

のが多くあります。

ですので、もともとのきれいな半導体はあまり電気を通さないけれども、電気を通すにおい物質がくっつくと、それまでより電気が流れやすくなるのです。

半導体でこのような変化がたくさん起こると、「いまは空気中ににおい物質がたくさんあるな」と感知できるというわけです。

においセンサーはにおい物質が電気を通しやすいという性質を利用しているのです

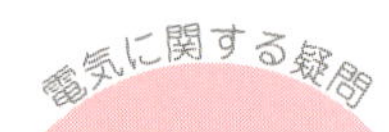

レーザープリンターはどんな構造になっているの？

プリンターには、レーザープリンターとインクジェットプリンターの2種類があります。ここでは、しくみがあまり知られていないレーザープリンターについて説明します。

レーザープリンターの中には回転するドラムというものが入っています。ドラムの表面には**感光体**が塗られています。感光体とは、光が当たると電気を通しやすくなるもののことです。

感光体の塗られたドラムに、最初にプラスの電気を与えておきます。

次に、プラスの電気をもった感光体の一部に光を当てます。

すると、光が当たった部分は電気を通しやすくなるので、その部分からはプラスの電気が移動して消えてしまいます。

そして、**光が当たらない部分にだけプラスの電気が残ります**。

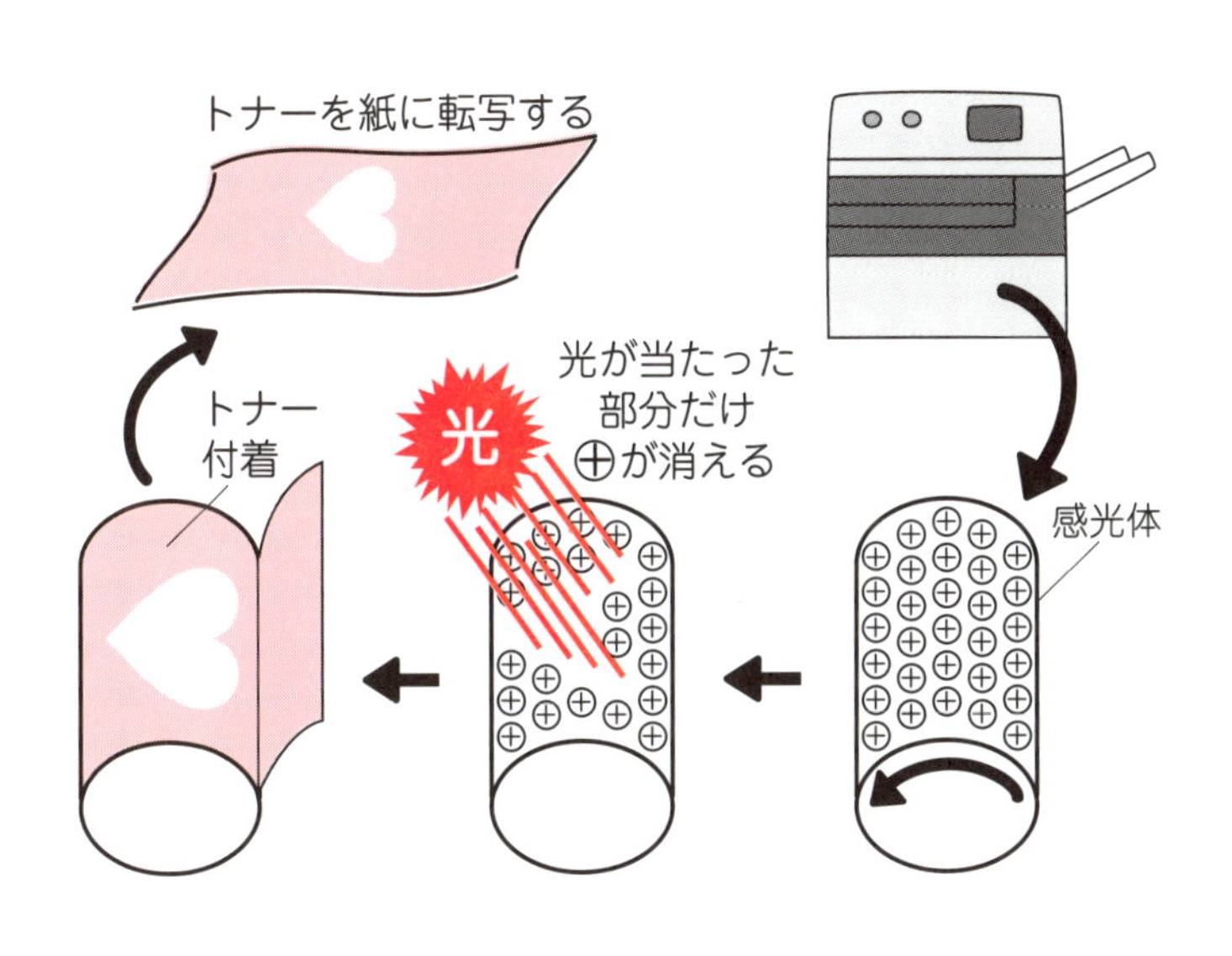

ここへ、**マイナスの電気を持ったトナーという黒い粒子(りゅうし)を振りかけます。**

すると、トナーはプラスの電気に引きつけられるので、プラスの電気が残っているところにだけ付着(ふちゃく)します。

ドラムを回転させると、付着したトナーを紙へ転写することができます。

これで、印刷することができました。

白黒もカラーの場合も同じしくみです。

プリンターの中の感光体に光を当てることで電気をコントロールし、印刷が可能になります

重力はどのように発生しているの？

たしかに不思議ですよね。

というのは、重力は物体どうしが接触しなくても発生するからです。

ふつう、何か他のものに力を伝えるには、押したり引っぱったりといった形で接触する必要があります。ものに触れずに押したり引いたりできたら、マジックですよね。

でも、重力はそのような不思議な力なのです。

重力が伝わるのは、それを伝えるものがあるからだと考えられています。

重力を伝えるのは、**「重力子」**という目に見えない小さな粒子だと考えられています。

この考えによると、**物体と物体とが重力子をやりとりすることで重力が発生しています**。

ちょうど、2人の人がキャッチボール

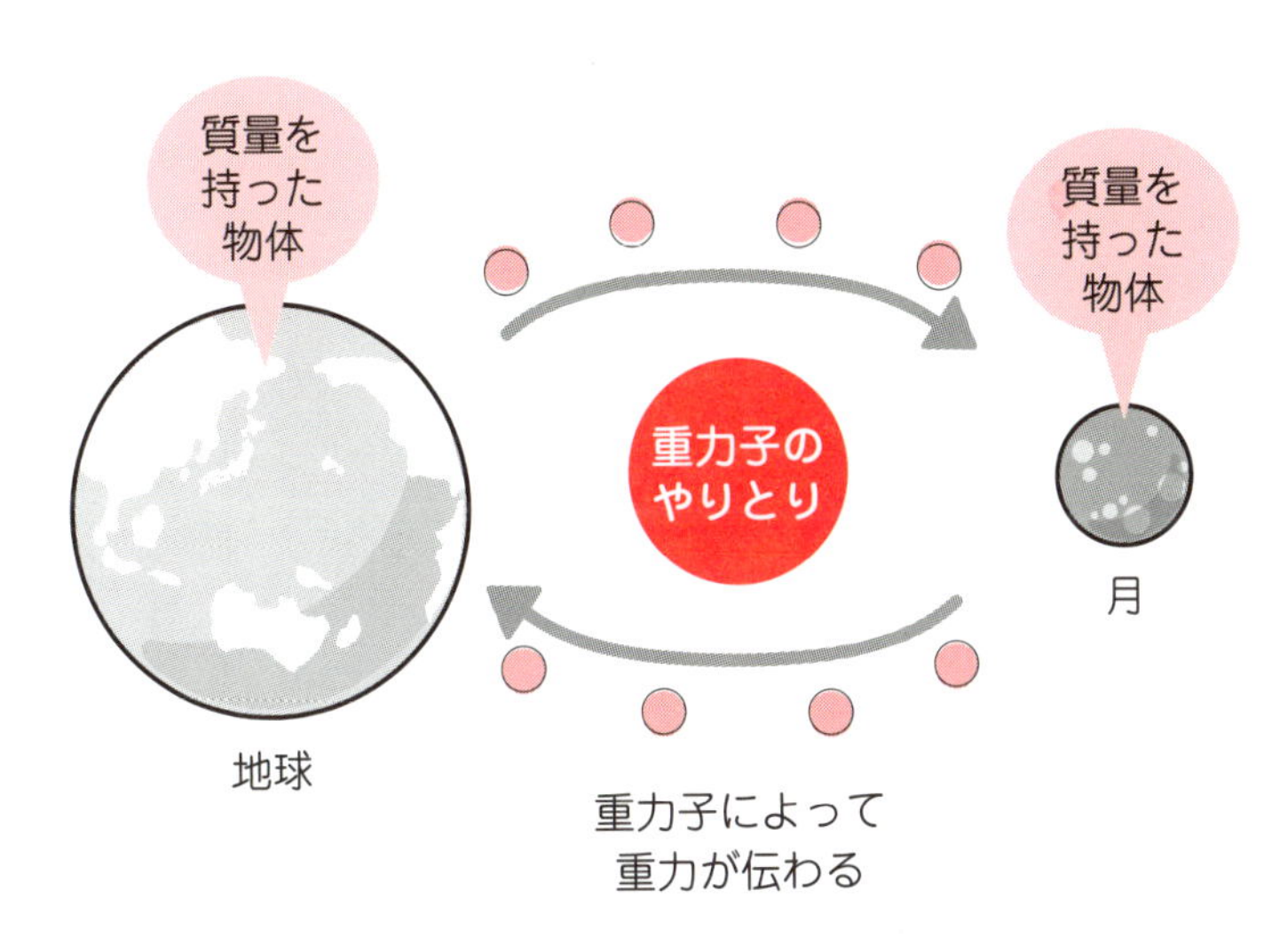

をしていると次第に心の距離が縮まり、おたがいに引き寄せられていくといった感じです。

物体どうしも、重力子という小さな粒子をキャッチボールしながら、引き寄せあっているのです。

ここまでは、重力を発生させているのは目に見えない小さな粒子であるという考え方を説明しました。

ただ、じつは重力だけではなく世の中に存在するすべての力が、同じように小さな粒子によって発生していると考えられているのです。

どういうことでしょう？

たとえば、電気の力を考えてみます。

電気にはプラスとマイナスがあるため、引力や反発力が発生します。

この力も、**「光子（こうし）」**という目に見えない小さな粒子をキャッチボールすることによって生まれるのだと考えられているのです。


では、押したり引っぱったりすることで発生する、ごく日常的な力はどうでしょう。

この場合は直接触れているのだから、小さな粒子のやりとりなど関係ないだろうとも思えます。

しかし、じつはこれも同じなのです。

「押したり引っぱったりする力」の正体は、**電気的な力**なのです。

何かに触（ふ）れるとき、その手の表面には電子というマイナスの電気を持った小さな粒子がたくさんあります。

また、触れられるものの表面にも同じように電子がたくさんあります。すると、電子はおたがいにマイナスの電気を持っているので、反発力が発生するというわけです。

これが、「押したり引っぱったりする力」の正体なのです。

何かを押したり引いたりするとき、力を伝える粒子がやりとりされている様子は目には見えません。しかし、そのようなことが起こっているのだということで

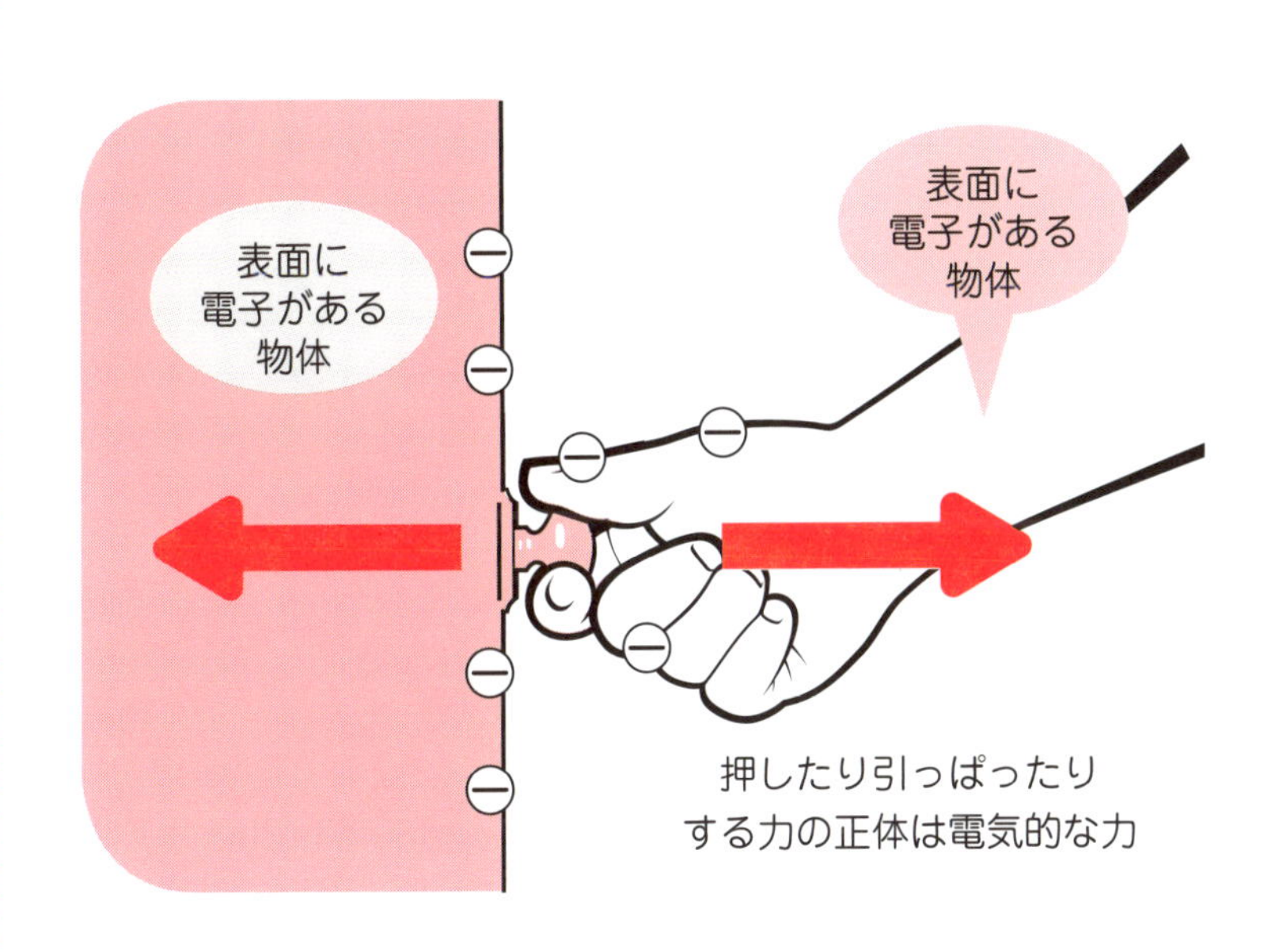

押したり引っぱったりする力の正体は電気的な力

す。

世の中にはいろいろな「力」が存在します。そのすべてが、例外なく目に見えない小さな粒子を介して生じるものなのです。

なんとも不思議な話ですが、科学によってそのようなことが解明されているのです。

重力子という粒子をキャッチボールすることで重力は生まれると考えられています

光を物質に変えることはできるの？

かなり難しい話ですが、なるべくかんたんに説明してみます。

この世のすべての物質は、原子という目に見えない小さな粒子がたくさん集まってできています。

そして、原子という小さな粒子の中には、さらに小さな陽子、中性子、電子などの粒子が含まれていることも分かっています。つまり、**世の中のものはみな粒**

でできているということです。

それらの粒子にはすべて、**「反粒子」**というものが存在します。反粒子の「反」は「反対」という意味で、**「粒子が持っている電気が反対」**ということです。

たとえば、先ほど登場した陽子という粒子を考えてみます。

陽子はプラスの電気を持った粒子です。そして、陽子の反粒子を「反陽子」といいます。反陽子の方は、プラスとは

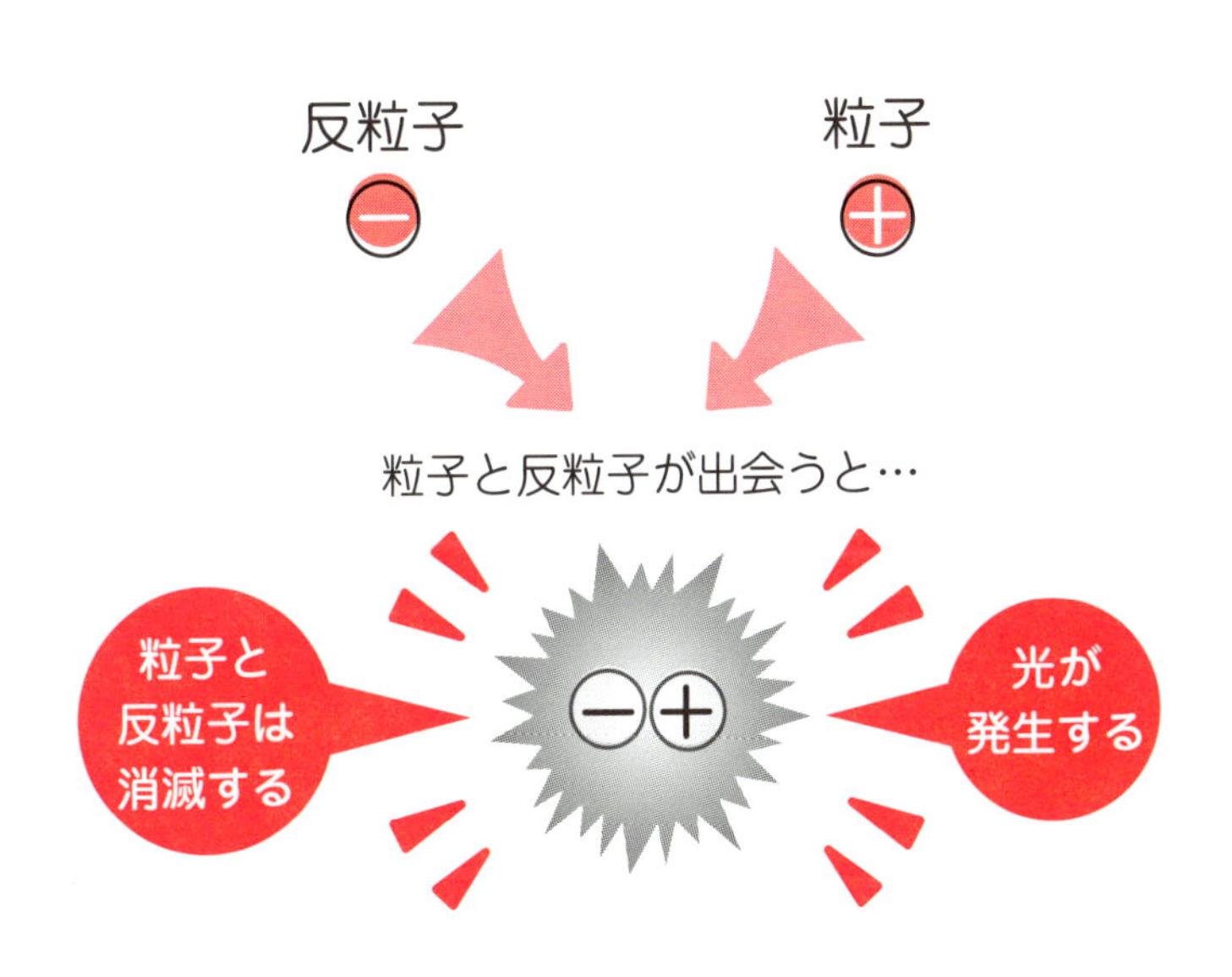

逆のマイナスの電気を持っているわけです。

電子の場合は、電子自体はマイナスの電気を持っています。ですので、「反電子」はプラスの電気を持っているのです。

反粒子は、持っている電気がもとの粒子と反対ですが、それ以外の性質はもとの粒子と同じです。

もとの粒子と電気だけが逆で、それ以外の性質は同じものを反粒子というわけです。

そして、ここからが今回の質問に関係する話なのですが、**粒子と反粒子は出会うと消滅してしまう**ことが知られているのです！

ものが消えてしまうというのはなんとも不思議ですが、これは実際に確かめられている**「対消滅」**という現象です。

また、粒子と反粒子はただ消えてしまうのではなく、**対消滅と同時に光が発生します**。

粒子や反粒子はきわめて小さなものですが、わずかに質量を持ちます。一定の質量は、一定量のエネルギーに対応するのですが、それが粒子と反粒子が対消滅すると消えてしまいます。

しかし、エネルギー自体は消滅せず何らかの形で残るはずです。それが、発生する光なのです。

さて、この不思議な対消滅という現象ですが、さらに不思議なことがあります。対消滅を巻き戻して再生したような現象も、見つかっているのです。

対消滅を巻き戻して再生すると、左の図のようになりますね。

つまり、光のエネルギーから**粒子と反粒子のペアが誕生するのです**。これも実際に確認されている現象で、**「対生成」**と呼ばれています。

今回は「光を物質に変えることはできるのか？」という質問でした。

これに対する回答は、「光のエネルギーが、粒子と反粒子のペアに変わることがある」となるわけです。

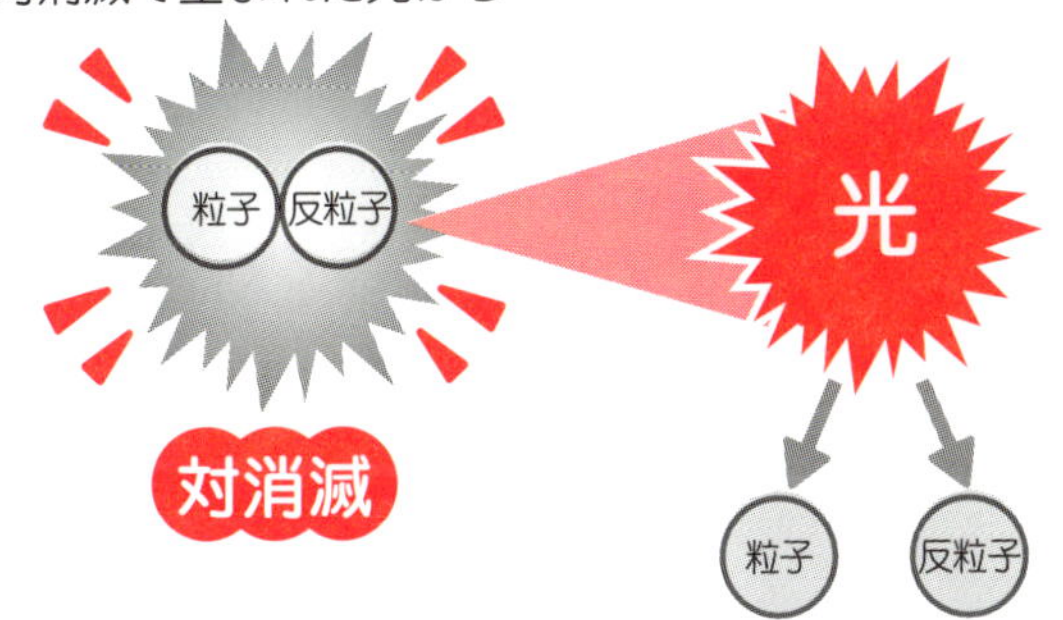

われわれの存在する宇宙は、いまからおよそ138億年前に誕生したと考えられています。そして、「宇宙は無から生まれた」と現代科学では考えられています。

でも、本当に何もない空間から突然宇宙が生まれることがあるのでしょうか？

宇宙誕生前の空っぽの空間には、物質は何もありませんでしたがエネルギーがあったと考えられています。

ただ、その正体は不明で**「ダークエネルギー」**と呼ばれます。

そして、このエネルギーが「対生成」を引き起こしました。何もない空間から粒子と反粒子がペアで誕生したのです。

ただ、残念ながら粒子と反粒子は誕生したすぐ後に消滅してしまいます。1秒よりもずっと短い時間でなくなります。

これを「対消滅」といいました。粒子と反粒子がぶつかって、もとのエネルギーに戻ってしまうのです。

この考え方に従うと、宇宙誕生時には粒子と反粒子のペアが誕生するが、すぐにそのペアは消えてしまい、結局何も残らなくなってしまうはずです。

つまり、現在宇宙を作っている物質は誕生できなかったはずだということになってしまうのです。

しかし、宇宙はたしかに存在します。私たちのいる地球も、私たち自身もたしかに存在しています。それらは、どのようにして生まれたのでしょう?

先ほど、粒子と反粒子のペアが生まれても、すぐに対消滅してしまうと書きました。

ただし、初期の宇宙ではそれは完全に同じ速さでは起こらなかったと考えられています。**消滅するまでの時間が粒子と反粒子とでわずかに違った**のです。粒子は、反粒子より消滅までの時間がわずかに長いのです。

すると、次のようなことが起こります。

たとえば、粒子と反粒子が100個ずつ誕生したとします。最終的にはすべて対消滅してしまうのですが、すべてなくなるまでの途中の瞬間には、粒子は40個残っているけれども反粒子は30個しか残っていない、というようなことがあるわけです。

それでも、時間がたてば最終的には両方ともすべて消えるわけです。しかし、消えるまでの途中の瞬間に何かの事件が起きて、消滅がストップしたらどうなるでしょう？

もしも、粒子40個、反粒子30個が残っている瞬間に消滅がストップしたら、どうでしょう？

粒子の方が多くなりますよね。すると、**最終的に粒子だけが残ることになる**のです。

実際には、反粒子が10億個残ったときに粒子が10億1個残った、というくらいわずかな差だったようです。しかし、そのわずかな差のおかげで現在の宇宙が存在できたと考えられているのです。

これを**「CP対称性の破れ」**といい、この理論を確立したことで南部陽一郎（なんぶよういちろう）さん、小林誠（こばやしまこと）さん、益川敏英（ますかわとしひで）さんが2008年にノーベル物理学賞を受賞しています。

光のエネルギーは粒子と反粒子のペアに変わることがあります

【著者紹介】

三澤信也（みさわ・しんや）

長野県生まれ。東京大学教養学部基礎科学科卒業。長野県の中学、高校にて物理を中心に理科教育を行っている。

著書に『東大式やさしい物理』『【図解】いちばんやさしい相対性理論の本』（小社刊）がある。

また、ホームページ「大学入試攻略の部屋」を運営し、物理・化学の無料動画などを提供している。

http://daigakunyuushikouryakunoheya.web.fc2.com/

東大卒の教師が教える
こどもの科学の疑問に答える本

2019年5月24日　第1刷

著　者　三澤信也
イラスト　すわ よしこ
発行人　山田有司
発行所　株式会社　彩図社（さいずしゃ）
〒170-0005　東京都豊島区南大塚3-24-4 MTビル
TEL:03-5985-8213
FAX:03-5985-8224

印刷所　シナノ印刷株式会社

URL：http://www.saiz.co.jp
https://twitter.com/saiz_sha

 ISBN978-4-8013-0367-6 C0042

カバー一部イラスト ©iStockphoto.com/tora-nosuke
本文一部イラスト　©iStockphoto.com